Maamar Benbachir

Systèmes lents-rapides avec problèmes réduits Hamiltoniens

Maamar Benbachir

Systèmes lents-rapides avec problèmes réduits Hamiltoniens

Théorie de Tikhonov, moyennisation, stroboscopie

Presses Académiques Francophones

Impressum / Mentions légales
Bibliografische Information der Deutschen Nationalbibliothek: Die Deutsche Nationalbibliothek verzeichnet diese Publikation in der Deutschen Nationalbibliografie; detaillierte bibliografische Daten sind im Internet über http://dnb.d-nb.de abrufbar.
Alle in diesem Buch genannten Marken und Produktnamen unterliegen warenzeichen-, marken- oder patentrechtlichem Schutz bzw. sind Warenzeichen oder eingetragene Warenzeichen der jeweiligen Inhaber. Die Wiedergabe von Marken, Produktnamen, Gebrauchsnamen, Handelsnamen, Warenbezeichnungen u.s.w. in diesem Werk berechtigt auch ohne besondere Kennzeichnung nicht zu der Annahme, dass solche Namen im Sinne der Warenzeichen- und Markenschutzgesetzgebung als frei zu betrachten wären und daher von jedermann benutzt werden dürften.

Information bibliographique publiée par la Deutsche Nationalbibliothek: La Deutsche Nationalbibliothek inscrit cette publication à la Deutsche Nationalbibliografie; des données bibliographiques détaillées sont disponibles sur internet à l'adresse http://dnb.d-nb.de.
Toutes marques et noms de produits mentionnés dans ce livre demeurent sous la protection des marques, des marques déposées et des brevets, et sont des marques ou des marques déposées de leurs détenteurs respectifs. L'utilisation des marques, noms de produits, noms communs, noms commerciaux, descriptions de produits, etc, même sans qu'ils soient mentionnés de façon particulière dans ce livre ne signifie en aucune façon que ces noms peuvent être utilisés sans restriction à l'égard de la législation pour la protection des marques et des marques déposées et pourraient donc être utilisés par quiconque.

Coverbild / Photo de couverture: www.ingimage.com

Verlag / Editeur:
Presses Académiques Francophones
ist ein Imprint der / est une marque déposée de
OmniScriptum GmbH & Co. KG
Heinrich-Böcking-Str. 6-8, 66121 Saarbrücken, Deutschland / Allemagne
Email: info@presses-academiques.com

Herstellung: siehe letzte Seite /
Impression: voir la dernière page
ISBN: 978-3-8381-4080-3

Table des matières

Chapitre 1

Perturbations

1.1 Perturbations régulières des équations différentielles ordinaires

1.1.1 Introduction

Dans le cadre des équations différentielles ordinaires la théorie des perturbations peut être considérée comme un axe important permettant l'approximation des solutions. Au dix-huitième siècle, c'est à la lumière de l'apparition de l'analyse mathématique, que Newton, Euler, Lagrange ont pu résoudre certains problème liés à cette théorie des perturbations en mécanique céleste en particulier. L'élaboration d'un fondement rigoureux a du attendre Poincaré (1886) et Stieljes (1886), qui ont publié séparément des travaux sur des solutions sous forme de séries formelles (car la plupart de ces séries n'étaient pas convergentes).

Les méthodes d'analyse locale sont des méthodes puissantes. Malheureusement elles sont incapables de donner des informations sur l'aspect global du comportement des solutions entre deux points distincts et appréciablement distants. Elles ne peuvent pas non plus prévoir l'influence des conditions initiales sur le comportement asymptotique lorsque $x \rightarrow +\infty$. L'analyse globale est l'outil adéquat pour répondre aux questions posées. La théorie des perturbations est un ensemble de méthodes d'analyse globale du comportement des solutions d'équations différentielles. L'idée principale se résume en ceci : dans un problème on identifie un paramètre noté généralement par ε, tel que quand $\varepsilon = 0$ le problème devient résoluble. La solution globale du problème considéré peut être étudiée par une étude locale autour de $\varepsilon = 0$. Par exemple, l'équation différentielle $\dfrac{d^2x}{dt^2} = \dfrac{\varepsilon}{(1+t^2)} x$ admet une solution en terme de fonctions élémentaires uniquement quand $\varepsilon = 0$. On construit une solution autour de $\varepsilon = 0$ sous forme de série en ε :

$$x(t) = x_0(t) + x_1(t)\varepsilon + x_2(t)\varepsilon^2 + x_3(t)\varepsilon^3 + \cdots.$$

Les termes successifs $(x_n(t))$ peuvent être calculés d'une façon plus ou moins simple en fonction des termes $x_0(t), x_1(t), ..., x_{n-1}(t)$ aussi longtemps que le problème obtenu, en remplaçant ε par 0, soit résoluble ; ce qui est le cas dans cet exemple. Une remarque très importante dans ce cas, c'est le fait que la solution est locale en ε, mais globale en x. Si ε est suffisamment petit, on peut se limiter à quelque termes de la série et on a une bonne approximation de la solution inconnue $x(t)$.

Dans [2, 50, 63] les auteurs parlent de déformation plutôt que de perturbation de la façon suivante : étant donné un champ de vecteurs associé à une équation différentielle ordinaire, ce qu'on entend par perturbation c'est l'ensemble de tous les champs de vecteurs proches (dans un certain sens) du champ de départ. La théorie des perturbations compare les solutions d'un problème donné paramétré avec les solutions du même problème ayant subit une petite variation sur le paramètre. Il sera plus commode de parler de déformation (à un paramètre) que de perturbation, avec bien sûr la définition de voisinage (sous-entendu la définition d'une topologie). Un résultat très utilisé en Analyse Non Standard [13], appelé le Lemme de l'Ombre Courte, permet effectivement de voir d'une façon topologique la relation entre les solutions du problème perturbé et le problème dit "nominal" dans la théorie des perturbations régulières.

1.1.2 Un théorème d'approximation

Définition 1.1 *Soit* $\alpha(t, \varepsilon)$ *une application définie (localement) pour* $t \geq t_0$ *et* $\varepsilon > 0$. *On dit que* α *est d'ordre* ε *(notation :* $\alpha(t, \varepsilon) := O(\varepsilon)$*) sur une échelle de temps* $O(1)$ *s'il existe* $k > 0$ *et* $T > 0$ *indépendants de* ε *tels que*

$$\lim_{\varepsilon \to 0} \sup_{t_0 \leq t \leq t_0+T} \frac{\|\alpha(t, \varepsilon)\|}{\varepsilon} \leq k.$$

Exemple 1.1 $t\varepsilon = O(\varepsilon)$ *sur une échelle de temps* $O(1)$ *en prenant par exemple* $k := T := 1$. *On peut aussi écrire* $t\varepsilon^2 = O(\varepsilon)$ *sur une échelle de temps* $O(1)$ *qui est vrai également en adaptant de manière évidente la définition, on a de plus* $t\varepsilon^2 = O(\varepsilon^2)$ *sur une échelle de temps* $O(1)$, *ou encore* $t\varepsilon^2 = O(\varepsilon)$ *sur une échelle de temps* $O(1/\varepsilon)$.

Soit le problème de Cauchy [4, 63]

$$\dot{x} = F(t, x, \varepsilon), \ x(t_0) = a(\varepsilon), \tag{1.1}$$

où F est une fonction définie et continue sur $[t_0, t_1] \times U \times [-\varepsilon_0, \varepsilon_0]$ à valeurs dans $\mathbb{R}^n$ et U est un ouvert connexe non vide de $\mathbb{R}^n$ et ε est un petit paramètre de $\mathbb{R}$. Il est naturel de comparer les solutions de (1.1) à celles de

$$\dot{x} = F(t, x, 0), \ x(t_0) = a(0). \tag{1.2}$$

En effet, les perturbations étant de l'ordre de ε, on peut intuitivement penser que l'écart entre la solution du problème perturbé (1.1) et la solution du problème nominal (1.2) est de l'ordre ε, mais on peut facilement se convaincre qu'une telle approximation ne soit valable que sur une échelle de temps $O(1)$. Le théorème de la dépendance continue des solutions par rapport aux conditions initiales nous permet de faire une comparaison sur un intervalle de temps entre les solutions de (1.1) et celles de (1.2). La théorie de la stabilité permet de comparer les solutions (1.1) et de (1.2) sur des intervalles de temps plus larges. Il s'agit donc de donner une approximation de toute solution $x(t, \varepsilon)$ de (1.1) pour ε suffisamment petit, par la solution supposée connue de (1.2), de type convergence uniforme de la première vers la deuxième quand $\varepsilon \to 0$. Dans ce paragraphe et pour des approximations d'ordre plus élevé en ε, on se pose des questions du genre : sous quelles conditions les solutions du système (1.1) et celles de (1.2) sont elles proches ? de quelle façon peut-on caractériser cette proximité des solutions et sur quel intervalle de temps cette comparaison est-elle valide ?

Pour ce faire, on écrit un développement en série en ε de $F(t, x, \varepsilon)$, de $x(t, , t_0, a(\varepsilon), \varepsilon) := x(t, \varepsilon)$ et $a(\varepsilon)$:

$$F(t, x, \varepsilon) = \sum_{i=0}^{i=k} \varepsilon^i F_i(t, x) + \varepsilon^{(k+1)} R_F(t, x),$$

$$x(t, \varepsilon) = \sum_{i=0}^{i=k} \varepsilon^i x_i(t) + \varepsilon^{(k+1)} R_x(t, x),$$

$$a(\varepsilon) = \sum_{i=0}^{i=k} \varepsilon^i a_i + \varepsilon^{(k+1)} R_a(t, x).$$

On doit donc avoir, pour les conditions initiales :

$$a_0 = a(0) = x_0(0), \ a_i = \left. \frac{\partial^i a}{\partial \varepsilon^i} \right|_{\varepsilon=0},$$

et pour la dynamique :

$$\dot{x}(t, \varepsilon) = \sum_{i=0}^{i=k} \varepsilon^i \dot{x}_i(t) + \varepsilon^{(k+1)} \dot{R}_x(t, x) = F(t, x(t, \varepsilon), \varepsilon)$$

$$= \sum_{i=0}^{i=k} \varepsilon^i F_i(t, x_0(t), x_1(t), ..., x_i(t)) + \varepsilon^{(k+1)} R(t).$$

En égalant les coefficients de ε, on déduit $\dot{x}_i(t) = A(t)x_i + \tilde{F}_{i-1}(t, x_0(t), x_1(t), ..., x_{i-1}(t))$, où $A(t) = \left. \frac{\partial F}{\partial x} \right|_{(t, x_0(t), 0)}$. Ainsi, on doit résoudre le système d'équations (pour $i \in \{1, ..., k\}$) :

$$\dot{x}_0 = F(t, x_0, 0), \ x_0(0) = a(0), \tag{1.3}$$

$$...$$

$$\dot{x}_i = A(t)x_i + \tilde{F}_{i-1}(t, x_0(t), x_1(t), ..., x_{i-1}(t)), \ x_i(0) = a_i.$$

Les solutions exactes et approchées sont alors distantes d'un $O(\varepsilon^k)$ comme précisé dans le théorème suivant.

Théorème 1.1 *[24] Considérons (1.1) et (1.3). Si les conditions suivantes sont vérifiées :*
1) F est de classe C^{k+2} par rapport à (x, ε), pour tout $(t, x, \varepsilon) \in [t_0, t_1] \times U \times [-\varepsilon_0, \varepsilon_0]$,
2) $a(\varepsilon)$ est de classe C^{k+1} par rapport à ε, pour tout $\varepsilon \in [-\varepsilon_0, \varepsilon_0]$,
3) (1.1) admet une solution unique définie sur $[t_0, t_1]$.
Alors, il existe $\varepsilon^* \in]0, \varepsilon_0]$ tel que, pour tout $\varepsilon \in [-\varepsilon^*, \varepsilon^*]$, (1.1) possède une solution unique définie sur $[t_0, t_1]$ et vérifiant :

$$x(t, \varepsilon) - \sum_{i=0}^{i=k} \varepsilon^i \dot{x}_i(t) = O(\varepsilon^{k+1}). \tag{1.4}$$

Si de plus $t_1 = +\infty$ et si F ainsi que ses dérivées partielles jusqu'à l'ordre $k+2$ sont bornées sur $[t_0, +\infty[\times U \times [-\varepsilon_0, \varepsilon_0]$ et si $x_{eq} \in U$ est un point d'équilibre exponentiellement stable, *alors il existe $\varepsilon^* \in]0, \varepsilon_0]$ et $\rho > 0$ tels que pour tout $\varepsilon \in [-\varepsilon^*, \varepsilon^*]$ et tout $\|a(\varepsilon) - x_{eq}\| < \rho$, le problème (1.1) admet une solution unique définie sur $[t_0, +\infty[$, uniformément bornée et vérifiant :*

$$x(t, \varepsilon) - \sum_{i=0}^{i=k} \varepsilon^i \dot{x}_i(t) = O(\varepsilon^{k+1}) \tag{1.5}$$

et ce, uniformément en t pour tout $t > t_0$.

Exemple 1.2 *Soit le problème perturbé :*

$$\dot{x} = \varepsilon x, \quad x(0) = 1 + \varepsilon, \tag{1.6}$$

et le problème nominal associé :

$$\dot{x} = 0, \quad x(0) = 1. \tag{1.7}$$

La solution du problème perturbé est égale à $\dot{x}(t) = (1 + \varepsilon) \exp(\varepsilon t)$ et la solution du problème nominal est $\tilde{x}(t) = 1$; pour $T > 0$, on a alors $\lim\limits_{\varepsilon \to 0} \sup\limits_{0 \leq t \leq T} \frac{\|x(t) - \tilde{x}(t)\|}{\varepsilon} = 1 + T$.

Si on choisit par exemple $T := 1$ et $k := 2$, on a bien $x(t) = \tilde{x}(t) + O(\varepsilon)$.

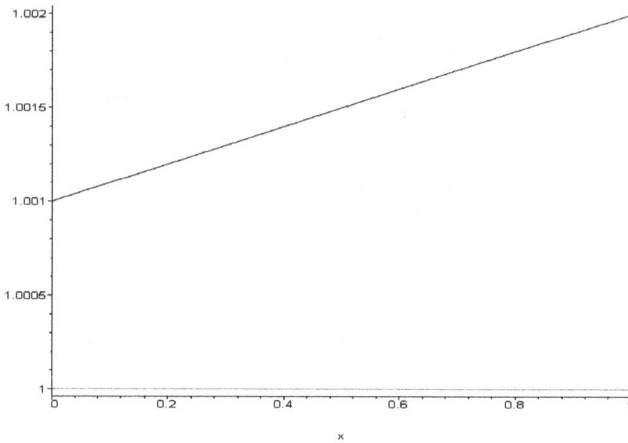

La solution du problème "nominal" et la solution du problème perturbé (avec $\varepsilon = 0.001$)

Exemple 1.3 *On considère le système :*

$$\frac{dx}{dt} = \omega y, \tag{1.8}$$
$$\frac{dy}{dt} = -\omega x + \varepsilon y^2,$$

$x \in \mathbb{R}$, $y \in \mathbb{R}$, $\omega = cte$ et $\varepsilon \in \mathbb{R}$ petit. Les hypothèses du théorème sont vérifiées pour tout k. Nous allons l'appliquer pour $k = 1$. Sur l'intervalle $I = [0, 1]$, calculons une approximation

à l'ordre 1 ($i = 0$) :

$$\frac{dx_0}{dt} = \omega y_0, \tag{1.9}$$

$$\frac{dy_0}{dt} = -\omega x_0,$$

$$x_0(0) = 1, \ y_0(0) = 0.$$

On trouve $x_0(t) = \cos(\omega t)$, $y_0(t) = -\sin(\omega t)$. Puis, pour $i = 1$, on a :

$$\frac{dx_1}{dt} = \omega y_1, \tag{1.10}$$

$$\frac{dy_1}{dt} = -\omega x_1 + y_0^2 = -\omega x_1 + \sin^2(\omega t),$$

$$x_1(0) = 0, \ y_1(0) = 0.$$

On trouve

$$x_1(t) = \frac{1}{3} \frac{\cos^2(\omega t) - 2\cos(\omega t) + 1}{\omega},$$

$$y_1(t) = -\frac{2}{3} (\sin(\omega t)) \frac{\cos(\omega t) - 1}{\omega}.$$

On en déduit que

$$x(t, \varepsilon) = \cos(\omega t) + \frac{\varepsilon}{3} \frac{\cos^2(\omega t) - 2\cos(\omega t) + 1}{\omega} + O(\varepsilon^2),$$

$$y(t, \varepsilon) = -\sin(\omega t) - \frac{2\varepsilon}{3} (\sin(\omega t)) \frac{\cos(\omega t) - 1}{\omega} + O(\varepsilon^2),$$

ce que l'on peut vérifier sur les figures 1 et 2 suivante (pour $\omega = 2$, $\varepsilon = 0.1$).

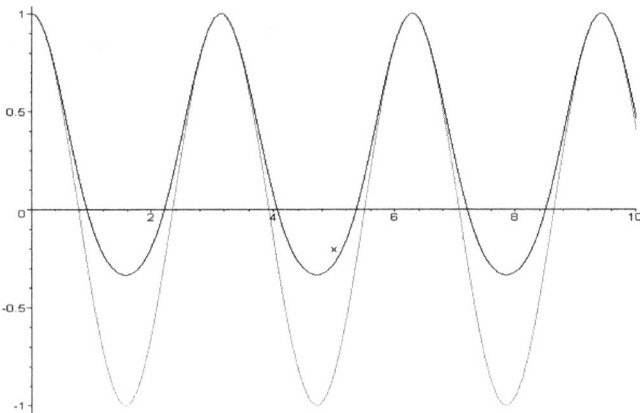

Comparaison entre la solution du problème "nominal" $x_0(t)$ et la solution approchée $x(t, \varepsilon)$

7

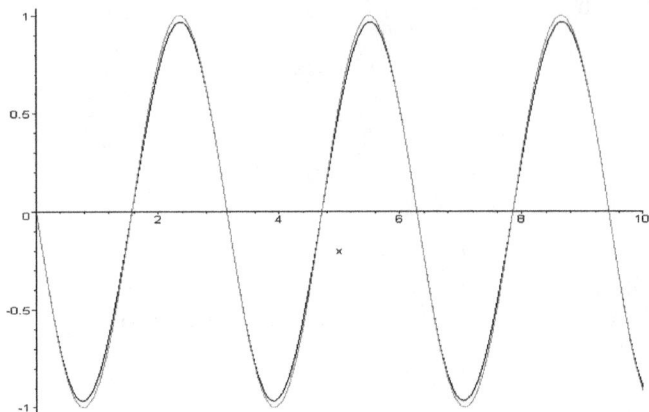

Comparaison entre la solution du problème "nominal" $y_0(t)$ et la solution approchée $y(t, \varepsilon)$

1.2 Perturbations singulières des équations différentielles ordinaires

1.2.1 Introduction

Un problème d'équations différentielles ordinaires avec perturbation singulière est un problème qui dépend d'un ou de plusieurs paramètres d'une façon "pathologique". Cela réside dans la dépendance non continue des solutions par rapport aux conditions initiales quand le paramètre varie. On dira qu'on a affaire à une perturbation singulière d'une équation différentielle ordinaire si les techniques des perturbations régulières font défaut [47]. Malgré l'énorme généralité de cette définition, la littérature est totalement absente à cette échelle. D'ailleurs on ne trouve que la perturbation singulière la plus simple, celle où un petit paramètre ε multiplie la dérivée du plus grand ordre. Elles prennent plusieurs formes dont la forme suivante appelée, la forme canonique :

$$\varepsilon \frac{dx}{dt} = f(x, y),$$
$$\frac{dy}{dt} = g(x, y). \tag{1.11}$$

Ces systèmes sont dits systèmes lents-rapides. La variable $x \in \mathbb{R}^m$ est la variable rapide et $y \in \mathbb{R}^n$ est la variable lente, ε est un paramètre réel petit. L'équation $\varepsilon \frac{dx}{dt} = f(x, y)$ constitue la dynamique rapide et l'équation $\frac{dy}{dt} = g(x, y)$ la dynamique lente. On suppose que les fonctions f et g sont de classe C^1 sur un ouvert de $\mathbb{R}^{m+n}$. Deux problèmes surgissent :
- l'ordre de l'équation réduite est strictement plus petit que celui de l'équation perturbée,
- on perd une condition initiale.

Les systèmes du type (1.11) sont des modèles mathématiques issues de l'écologie [64], de l'automatique [16], de la biologie [19], de la chimie [1], du contrôle [24], et en particulier des sciences de l'ingénieur [3, 21, 23, 36, 43]. En général quand il y a deux phénomènes qui se développent avec deux vitesses largement différentes, comme par exemple une machine avec une partie électrique et une partie mécanique, la différence de régime peut créer la singularité. En économie, une société multinationale avec des implantations à travers le monde risque d'avoir cette "cassure" au niveau de la cadence de travail si on suppose qu'il y a une certaine dépendance entre elles. Historiquement, la théorie des perturbations singulières a été abordée depuis plus d'un siècle (on est en 2010), sous d'autres formes que celle connue actuellement, et le terme " perturbation singulière" remonte aux années 1940 suite à la nécessité de trouver des solutions analytiques à des problèmes sous formes d'équations différentielles qui contiennent un petit paramètre dans le domaine de la mécanique de fluides, procédés de combustion, et autres. Les premiers modèles faisant usage d'un petit paramètre étaient probablement les travaux de J.H. Poincaré entre 1854 et 1912 [40, 41] et le petit paramètre n'était rien d'autre que le rapport entre deux masses. On retrouve la notion d'un problème de perturbation singulière clairement dans les travaux de L. Prandtl sur la couche limite visqueuse [42] (le petit paramètre ici est l'inverse du nombre de Reynolds). les travaux de L. Prandtl ont été la boule de neige pendant un siècle de travail sur les perturbations singulières. D'autres domaines ont contribué comme par exemple la théorie du contrôle et la théorie des oscillations non-linéaires. La deuxième date importante dans l'histoire des perturbations singulières fut 1946, quand K. Friedricks et W. Wasow publièrent un article intitulé " Singular perturbations of nonlinear oscillations" [20]. Après cela et en 1952, A. N . Tikhonov dans [56], voyait d'une façon plus précise les perturbations singulières et mettait en évidence son fameux théorème : théorème de Tikhonov. La preuve de ce théorème était entachée d'une erreur que Hoppensteadt corrigea dans [22]. D'autres travaux ont abordé la théorie de Tikhonov parmi eux on peut citer [59]. Trois livres classiques de référence traitent des perturbations singulières : "Asymptotic Expansions for Ordinary Differential Equations" de W. Wasow [62], "Singular Perturbations Methods for Ordinary Differential Equations" écrit par R. E. O'Malley [39] et l'ouvrage de F. Verhulst intitulé " Methods and Applications of Singular Perturbations"[60]. Dans les années 1980, on doit l'intrusion de l'Analyse Non Standard dans l'étude des perturbations singulières à G. Reeb (voir à titre d'exemple, [31, 32, 33, 49, 50]). L'Analyse Non Standard a permis la découverte de phénomènes nouveaux [7] et elle a contribué à mieux connaître d'autres phénomènes déja connus [27]. La théorie géométrique des perturbations singulières est un autre moyen pour aborder ce type de perturbation [18].

1.2.2   Exemples

On a deux types de perturbations singulières ; l'une de type séculaire, l'autre de type couche. Le type séculaire concerne les perturbations dont les solutions du problème nominal sont définies pour tous les temps positifs, mais ne sont de bonnes approximations que sur des intervalles du type $[t_0, t_0 + \frac{k}{\varepsilon}]$ où k est une constante positive ou de type $[t_0, +\infty[$. Certains auteurs ne rangent pas ces problèmes dans la classe des perturbations singulières. D'un autre côté le type couche, s'intéresse au type de perturbations singulières avec couches limites ou couches libres ou les deux à la fois. On entend par couche limite une phase rapide avant une phase lente ou une phase rapide après une phase lente, on appelle aussi couche libre une transition infiniment brève entre deux phases lentes.

Exemple 1.4 *(Type couche) On considère le problème perturbé :*

$$\varepsilon \ddot{x} + \dot{x} = 0, \ x(0) = \alpha, \ \dot{x}(0) = \beta.$$

La solution générale de ce problème s'obtient en utilisant l'équation caractéristique $\varepsilon r^2 + r = 0$.

Elle s'écrit sous la forme suivante

$$x(t,\varepsilon) = C_1 \exp(-\frac{t}{\varepsilon}) + C_2.$$

En appliquant les conditions initiales, on obtient

$$x(t,\varepsilon) = -\varepsilon\beta \exp(-\frac{t}{\varepsilon}) + \alpha + \varepsilon\beta. \qquad (1.12)$$

La solution du problème nominal

$$\dot{x} = 0, \ x(0) = \alpha, \ \dot{x}(0) = \beta,$$

est égale à

$$x(t) = \alpha. \qquad (1.13)$$

Nous avons

$$x(t,\varepsilon) = -\varepsilon\beta \exp(-\frac{t}{\varepsilon}) + \alpha + \varepsilon\beta \xrightarrow[\varepsilon \to 0]{} x(t) = \alpha \,, \text{ pour tout } t.$$

Exemple 1.5 *(**Type couche**) On considère le même problème que précédemment mais avec des conditions différentes*

$$\varepsilon\ddot{x} + \dot{x} = 0, \ x(0) = \alpha, \ x(1) = \beta.$$

En utilisant la même technique, on obtient la solution

$$x(t,\varepsilon) = \frac{(\alpha - \beta)\exp(-\frac{t}{\varepsilon}) + \beta - \alpha\exp(-\frac{1}{\varepsilon})}{(1 - \exp(-\frac{1}{\varepsilon}))}.$$

Cette solution converge selon le schéma suivant :

$$x(t,\varepsilon) = \frac{(\alpha - \beta)\exp(-\frac{t}{\varepsilon}) + \beta - \alpha\exp(-\frac{1}{\varepsilon})}{(1 - \exp(-\frac{1}{\varepsilon}))} \xrightarrow[\varepsilon \to 0]{} \begin{cases} \alpha & si \ t = 0, \\ \beta & si \ t > 0. \end{cases}$$

La convergence de la solution du problème perturbé vers celle du problème réduit n'est uniforme que, sur un intervalle de la forme $[\delta, 1]$ où $\delta > 0$, à moins que $\alpha = \beta$.

Chapitre 2

Analyse Non Standard : Axiomes et définitions

La théorie IST (Internal Set Theory) est une extension conservative de la théorie des ensembles de Zermelo-Fraenkel avec l'axiome du choix (ZFC). Tout théorème vrai dans la théorie ZFC reste vrai dans la théorie IST (ne rien perdre). Une approche axiomatique à l'Analyse Non Standard de A. Robinson [46] est due à E. Nelson [38]. L'approche de Nelson consistait à rajouter un nouveau prédicat unaire *standard* (st) et trois nouveaux schémas d'axiomes régissant la manipulation de ce prédicat. Ces nouveaux axiomes sont appelés : principe de Transfert, principe d'Idéalisation et principe de Standardisation. *On démontre que si la théorie ZFC est consistante alors la nouvelle théorie ZFCIST l'est aussi*. Une formule de IST est dite *interne* si elle est écrite dans le langage ZFC. On dit qu'une formule interne est standard si elle ne contient que des constantes standard, sinon elle est dite interne non standard. Une formule externe est une formule où intervient le prédicat *st* (*st* intervient sur les variables). Un ensemble interne est un ensemble défini par une formule interne. Un ensemble est dit externe si c'est une partie d'un ensemble interne définie par une formule externe et pour laquelle il a été montré qu'elle met au moins un théorème classique en défaut. Pour plus de détails, on peut consulter [13, 38]. On adopte les notations suivantes où $\wedge$ désigne la conjonction logique :

$$\forall^{\text{st}}x \text{ pour } \forall x, \ x \text{ standard}, \qquad \exists^{\text{st}}x \text{ pour } \exists x, \ x \text{ standard },$$
$$\forall^{\text{fin}}x \text{ pour } \forall x, \ x \text{ fini}, \qquad \exists^{\text{fin}}x \text{ pour } \exists x, \ x \text{ fini},$$
$$\forall^{\text{st fin}}x \text{ pour } \forall x, \ x \text{ standard} \wedge \text{fini}, \qquad \exists^{\text{st fin}}x \text{ pour } \exists x, \ x \text{ standard} \wedge \text{ fini}.$$

Soit x un réel quelconque.

Définition 2.1 *On dit que x est infiniment petit (i.p) si $|x| < y$ quelque que soit y un réel standard positif non nul.*

Définition 2.2 *On dit que x est limité s'il existe un entier naturel standard N tel que $|x| < N$.*

Définition 2.3 *On dit que x est appréciable s'il est limité et non infiniment petit.*

Définition 2.4 *On dit que x est infiniment proche de y, y étant un réel donné, si $x - y$ est infiniment petit et on le note par $x \simeq y$.*

Définition 2.5 *On dit que x est presque standard s'il existe un réel standard $°x$ tel que $x \simeq °x$.*

Définition 2.6 *Soit x un point d'une partie $A \subset \mathbb{R}$. On dit que x est presque standard dans A s'il existe un réel standard $°x \in A$ tel que $x \simeq °x$.*

Définition 2.7 *Soit ω un réel. On dit que ω est infiniment grand (i.g) s'il est plus grand que tout réel standard.*

Principe de Transfert : Pour toute formule standard $F(x, t_1, ..., t_n)$ sans autres variables libres que $x, t_1, ..., t_n$, on a :

$$\forall^{st} t_1 ... \forall^{st} t_n \ (\forall^{st} x \ F(x, t_1, ..., t_n) \Rightarrow \forall x \ F(x, t_1, ..., t_n)).$$

Le principe de transfert dit que si la formule interne $F(x, t_1, ..., t_n)$ est vraie pour tout standard x, elle le sera pour tous les x, pourvu que les autres variables soient standard. Par contraposée, s'il existe un x pour lequel la formule n'est pas vraie, il en existera un standard pour lequel la formule n'est pas vérifiée. En particulier, si un tel x est unique, il sera nécessairement standard. Il découle de ceci que :

Deux ensembles standard sont égaux s'ils ont les mêmes éléments standard.

Une fonction standard est continue si et seulement si elle est continue en tout point standard.

Une fonction standard prend des valeurs standard aux points standard.

Tout ensemble standard borné est borné par un standard.

Principe d'Idéalisation : Pour toute formule interne $B(x, y)$ où x et y sont des variables libres mais peut-être pas les seules, on a :

$$\forall^{st \ fin} z \ \exists x \ \forall y \in z \ B(x, y) \Leftrightarrow \exists x_0 \ \forall^{st} y \ B(x_0, y).$$

Ce principe, plus délicat à comprendre, dit que la relation interne $B(x, y)$ où x et y sont des variables libres, mais peut-être pas les seules, est simultanément vérifiable pour tout standard y si et seulement si, elle est simultanément vérifiable dans tout ensemble fini standard. Le principe d'idéalisation permet notamment de démontrer que tout élément d'un ensemble E est standard si et seulement si E est un ensemble standard fini. Par conséquent, tout ensemble infini contient nécessairement au moins un élément non standard. Il existe donc un entier naturel non standard puisque $\mathbb{N}$ est infini. Enfin, une des conséquences importantes de cet axiome est qu'il existe un ensemble fini A qui contient tous les objets standard. Il découle de ceci que :

Pour tout ensemble E, il existe un ensemble fini F qui contient tous les éléments standard de E.

Principe de Standardisation : Pour toute formule $F(z)$, interne ou externe, où z n'est peut-être pas la seule variable libre, on a :

$$\forall^{st} x \ \exists^{st} y \ \forall^{st} z \ (z \in y \Leftrightarrow z \in x \wedge F(z)).$$

Ceci veut dire que pour tout ensemble standard X, il existe un ensemble standard Y tel que quel que soit z standard dans Y, z est dans Y si et seulement si z est dans X et vérifie la formule $F(z)$. L'ensemble Y est appelé le standardisé de l'ensemble X et est noté $Y =^S X$.

2.1 Principes de permanence

Rappelons qu'un ensemble est dit externe s'il est défini par une formule externe et si on le suppose interne, on arrive à une contradiction. C'est justement la differentiation entre un ensemble interne et un ensemble externe qui fait que certaines propriétés démontrées pour un ensemble donné d'éléments débordent pour s'étendre à un domaine plus vaste. Ce type de raisonnement est appelé *raisonnement par permanence*. On énoncera quelques principes de permanence.

Définition 2.8 (Halo) *Soit E un espace métrique et soit A une partie interne de E. On appelle halo de A, l'ensemble externe des éléments de E infiniment proches des éléments de A :*

$$hal(A) = \{x \in E : \exists y \in A, x \simeq y\}.$$

On a $A \subset hal(A)$.

Définition 2.9 (Ombre) *Soit E un espace métrique et soit A une partie interne de E. On appelle ombre de A, notée $^\circ A$, le standardisé du halo de A ($^\circ A =^S ha(A)$).*

Principe de Cauchy Un ensemble externe n'est pas interne.

Ce principe peut être appliqué de la manière suivante : soient E un ensemble interne et F une propriété interne sur X. Alors $E = \{x \in X/F(x)\}$ est un sous ensemble interne de X. Donc, si Y est une partie externe de X et que l'on démontre que F est vraie pour tous les éléments de Y, alors F est encore vérifiée pour certains éléments hors de Y.

Exemple 2.1 *Soit F une propriété telle que $F(x)$ est vraie $\forall x, x$ i.p. On a $E = \{x \in \mathbb{R} : F(x)\}$ est un ensemble interne, mais comme Halo de 0 est un ensemble externe et il est inclu dans l'ensemble interne E, on en déduit qu'il existe un x non infiniment petit tel que $F(x)$ est vraie.*

A partir du principe de Cauchy on démontre le lemme de Robinson suivant :

Lemme 2.1 (Robinson) *Soit $(u_n)_n$ une suite réelle interne. Si tous les termes d'indice standard sont infiniment petits, alors il existe un ω infiniment grand tel que u_n soit infiniment petit quelque soit $n \leq \omega$.*

2.2 Continuités

Soient E et F deux espaces métriques standard et soit $f : E \to F$ une fonction.

2.2.1 Classe S°

Définition 2.10 *Une fonction $f : E \to F$ est dite S-continue en un point x de E si :*

$$\forall y, y \simeq x \Rightarrow f(x) \simeq f(y).$$

Si x et f sont standard, alors la S-continuité en x équivaut à la continuité en ce point. La S-continuité en tout point d'un ensemble standard d'une fonction standard équivaut à sa continuité uniforme.

Les exemples suivants illustrent les cas où f n'est pas standard.

Exemple 2.2 *La fonction*

$$f(x) = \left\{ \begin{array}{l} \varepsilon \ si \ x \geq 0, \\ 0 \ si \ x < 0, \end{array} \right.$$

est S-continue en 0 mais non continue en ce point.

Exemple 2.3 *La fonction*

$$f(x) = Arctg(\frac{x}{\varepsilon}),$$

est continue en 0 mais non S-continue en ce point.

Définition 2.11 *Une fonction $f : E \to F$ est dite de classe S^o en un point x de E si $f(x)$ est presque standard et si f est S-continue en x.*

f est dite de classe S^o sur une partie A de E si f est de classe S^o en tout point presque standard de A.

Exemple 2.4 *Les fonctions $f(x) = Arctg(\frac{x}{\varepsilon})$ et $g(x) = \dfrac{\varepsilon}{x^2 + \varepsilon^2}$ sont de classe S^o pour tous les x appréciables ou infiniments grands, mais pas pour ceux qui sont infiniments petits.*

2.2.2 Théorème de l'ombre continue

Théorème 2.1 *Soient E et F deux espaces métriques standard et soit $f : E \to F$ une fonction pas nécessairement standard. Une condition nécessaire et suffisante pour qu'il existe une fonction standard continue $^{\circ}f : E \to F$ telle que f et $^{\circ}f$ soient presque égales en tout point presque standard de E est que f soit de classe S^o ($^{\circ}f$ est appelé ombre de f).*

Corollaire 2.1 *Soit $f : E \to F$ une fonction presque standard. f est de classe S° si et seulement si l'ombre de son graphe est le graphe d'une fonction standard.*

Un outil essentiel concerne la théorie des perturbations régulières. Considérons les deux problèmes de Cauchy suivants :

$$\frac{dx}{dt} = F_0(x), \ x(0) = a_0 \in U_0, \tag{2.1}$$

$$\frac{dx}{dt} = F(x), \ x(0) = a \in U. \tag{2.2}$$

Le *Lemme de l'Ombre Courte* permet de comparer les solutions de (2.1) et (2.2) quand F est proche de F_0 et a est proche de a_0 dans un sens à préciser. On en trouvera une preuve à l'aide du Lemme de Stroboscopie dans [55].

Théorème 2.2 (Lemme de l'Ombre Courte) *Soit U_0 un ouvert standard de $\mathbb{R}^n$ et soit $F_0 : U_0 \to \mathbb{R}^n$ standard et continue. Soit $a_0 \in U_0$ standard. Supposons que le problème de Cauchy (2.1) admet une solution unique $x_0(t)$ et soit $J = [0, \omega[$, $0 < \omega \leq +\infty$, son intervalle positif maximal de définition. Soit U un ouvert de $\mathbb{R}^n$ qui contient tous les éléments presque standard dans U_0. Soit $F : U \to \mathbb{R}^n$ continue telle que $F(x) \simeq F_0(x)$ pour tout x presque standard dans U_0. Alors, toute solution $x(t)$ du problème de Cauchy (2.2) avec $a \simeq a_0$ est définie pour tout t presque standard dans J et satisfait $x(t) \simeq x_0(t)$.*

A noter que le théorème de l'Ombre Courte dans l'Analyse Non Standard est équivalent au théorème de la dépendance continue par rapport aux conditions initiales et aux paramètres, mais avec des conditions beaucoup plus faibles.

Pour les démonstrations et plus, il existe une bibliographie riche et variée couvrant tous les domaines : systèmes dynamiques, calcul asymptotique, probabilité, algèbre, espace de Banach.... Le lecteur intéressé par l'Analyse Non Standard est renvoyé à quelques références importantes comme [4, 14, 15, 32, 55, 57] pour les fondements et [12, 30, 34, 58, 61] pour les applications. Le livre Nonstandard Analysis in Practice [13] est particulièrement intéressant pour apprécier la portée des outils non standard dans au moins neuf domaines, et on trouvera dans [10, 33, 51, 54, 65] ce qu'il faut savoir sur la théorie des perturbations d'équations différentielles ordinaires. Historiquement, la théorie des perturbations non standard d'équations différentielles, qui est aujourd'hui un outil bien établi dans la théorie asymptotique, trouve ses racines dans les années soixante-dix, lorsque l'école de Reeb (voir [14, 34, 35, 50]) introduisit l'utilisation de l'Analyse Non Standard dans le domaine de la perturbation des équations différentielles. Pour plus d'information sur le sujet, le lecteur intéressé se reportera à des textes tels que [13] et à des documents tels que [28, 32, 51, 55] parmi tant d'autres.

Chapitre 3

Moyennisation et stroboscopie

3.1 Moyennisation

3.1.1 Lagrange et les autres

C'est avec les tentatives des scientifiques pendant le 18ème siècle de faire le lien entre la théorie de Newton sur la gravitation et les observations des mouvements des planètes et des satellites que les méthodes de perturbation des équations différentielles sont devenues importantes [8, 48]. En effet, une théorie dynamique du système solaire basée sur la superposition du mouvement de chacun des deux corps (le soleil et le corps objet d'intérêt) n'était pas satisfaisante, car on négligeait l'influence des satellites comme la lune dans le cas de la terre ou l'interaction mutuelle des grosses planètes comme Jupiter et Saturne. Pour toutes ces raisons et d'autres, la modélisation proposée jusqu'au la, du mouvement perturbé de deux corps n'était pas tout à fait au point. Pendant la première moitié du 18ème siècle, le calcul numérique de la position et de la vitesse des variables sur des intervalles successifs suffisamment petits de temps a vu le jour. Les chercheurs ont vite compris que cela allait conduire à des tables gigantesques, mais peu précises. Durant la deuxième moitié du 18ème siècle, Clairaut [9] avait soumis quelques idées que Lagrange a développé, généralisé et présenté par la suite comme une théorie claire et simple. En effet Clairaut, écrivait la solution du problème non perturbé de deux corps sous la forme

$$\frac{p}{r} = 1 - c\cos(v),$$

où r est la distance entre les deux corps, v la distance mesurée à partir d'aphélié[1], p un paramètre, c l'excentricité de la section conique. En admettant une perturbation Ω, Clairaut déduit l'équation intégrale suivante par la méthode de variation des constantes,

$$\frac{p}{r} = 1 - c\cos(v) + \sin(v)\int \Omega\cos(u)du - cov(v)\int \Omega\sin(u)du,$$

la perturbation Ω dépend de r, v et peut être d'autres quantités. Dans l'expression de Ω, on remplace r par la solution du problème non-perturbé et on suppose qu'on peut la développer en fonction de $\sin v$ et $\cos v$

$$\Omega = A\cos(av) + B\cos(bv) + \cdots.$$

---

[1]L'aphélie est défini comme étant le point de l'orbite d'une planète ou d'une comète le plus éloigné du soleil.

Dans la partie perturbation de l'intégrale de Clairaut, on trouve des termes tels que

$$-\frac{A}{a^2 - 1} \cos(av) - \frac{B}{b^2 - 1} \cos(bv), \ a, \ b \neq 0.$$

Si la série Ω contient un terme de la forme $\cos(v)$, alors l'intégration va donner lieu à des termes tels que $v \sin v$. Ce dernier représente ce qu'on appelle le comportement séculaire (non borné) de l'orbite. Dans ce cas Clairaut ajuste le développement afin d'éliminer cet effet. Notons que cette méthode n'est pas la méthode de moyennisation, bien qu'il y ait présence de certains de ses éléments : la technique d'intégration garde les variations lentes des quantités (telle que c fixée). De plus, cette technique utilise une procédure qui permet d'éviter les termes séculaires. Lagrange et Laplace ont développé et par la suite largement utilisé cette méthode pour obtenir une solution approchée. On peut retrouver les premiers ingrédients de la méthode de moyennisation et les méthodes de perturbation d'ordre supérieur dans les écrits de Laplace au sujet de la position du soleil, Saturne et Jupiter. Dans son livre publié en 1788 sur la mécanique analytique [26], Lagrange décrit avec beaucoup de clarté et de transparence la méthode de perturbations. En effet, après avoir élaboré la formule du mouvement dans la dynamique Lagrangienne, il défend l'idée que pour analyser l'influence on devait utiliser la méthode des" variations des paramètres". Il disait que, dans toutes les méthodes d'approximation, on suppose que la solution exacte d'un problème quelconque n'est que la première approximation. Cela revient au fait qu'on a négligé quelques éléments ou quantités jugés d'influence minimum et au fur et à mesure qu'on prend ces éléments négligés en considération, l'approximation devient de plus en plus bonne. En mécanique, on ne peut que résoudre par la méthode d'approximation, on cherche la première approximation de la solution en ne tenant compte que des forces principales exercées sur le corps, afin d'étendre cette solution à d'autres forces qu'on appelle "perturbations". La méthode la plus simple consiste à garder la même forme de la solution mais en considérant (momentanément) les solutions comme des constantes arbitraires. Si les quantités négligées sont petites, les nouvelles variables seront presque constantes et on peut leur appliquer les méthodes habituelles d'approximation. Par la suite, Lagrange tire les équations pour les nouvelles variables : c'est la forme standard de la perturbation. Lagrange parle, encore dans son livre des forces perturbatrices dans les fonctions périodiques qui conduisent à la moyennisation et il décrit une formulation de la perturbation qui permet la description des variations des quantités comme l'énergie par exemple. Lagrange, dans le chapitre sur les perturbations séculaires dans les systèmes planétaires, fait le lien avec la moyennisation en introduisant un terme de perturbation Ω, afin de déterminer les variations séculaires. On a qu'à remplacer la partie non périodique, c'est-à-dire, le premier terme dans le développement en série de Ω en sinus et cosinus, qui dépend du mouvement de la planète perturbée et des mouvements des planètes perturbatrices. Ω est une fonction des coordonnées elliptiques de ces planètes, à condition que les excentricités et les inclinaisons soient sans importance. On peut toujours développer ces coordonnées en séries de cosinus et sinus des angles qui sont liés aux anomalies et aux lignes des longitudes moyennes. Ainsi on peut développer Ω en série du même type et le premier terme qui ne contient pas sinus ou cosinus sera celui qui peut produire l'équation séculaire. Lagrange transforme par la méthode des variations des paramètres le problème $\dot{x} = \varepsilon f(x,t) + \varepsilon^2 g(x,t,\varepsilon) \ x(0) = x_0$ sous la forme standard suivante

$$\dot{x} = \varepsilon f(x,t) + O(\varepsilon^2), \ x(0) = x_0,$$

où f est développée en série de Fourier par rapport à t avec des coefficients dépendant de x, c'est-à-dire

$$\dot{x} = \varepsilon \bar{f}(x) + \varepsilon \sum_{n=1}^{\infty} a_n(x) \cos(nt) + b_n(x) \sin(nt) + O(\varepsilon^2),$$

et par conséquent l'équation

$$\dot{y} = \varepsilon \bar{f}(y), \ y(0) = x_0,$$

donne l'évolution séculaire des solutions. C'est exactement l'équation moyennisée de premier ordre.

3.1.2 Poincaré et les autres

Clairaut, Laplace et Lagrange ont construit un ensemble de techniques formelles dans la théorie des perturbations, qui ont été utilisées dès la fin du $17^{\text{ème}}$ siècle dans les écrits sur la mécanique céleste pendant les $19^{\text{ème}}$ et $20^{\text{ème}}$ siècles par les auteurs :

Jacobi Dans ses conférences sur les systèmes dynamiques, Jacobi dévoilait une théorie solide en mécanique théorique : les équations du mouvement de Hamilton, l'équation aux dérivées partielles (équation de Hamilton- Jacobi). L'objectif principal de ces conférences était concentré sur l'utilisation de la méthode de Lagrange de la variation des constantes ; en effet, après la présentation du problème non-perturbé par les équations du mouvement de Hamilton, Jacobi suppose que le mouvement du problème perturbé est caractérisé par une fonction de Hamilton : si on introduit certaines transformations, les équations de perturbation dans leur forme standard peuvent avoir la même forme Hamiltonième. Cette formulation est ce que nous appelons de nos jours la théorie canonique de perturbation, théorie largement utilisée dans la théorie mécanique Hamiltonième. Signalons que ce traitement concerne uniquement la manière de déduire la forme standard suivante

$$\dot{x} = \varepsilon f(x,t) + O(\varepsilon^2), \ x(0) = x_0.$$

Tout cela représente la première partie de la théorie de Lagrange ; la deuxième partie est consacrée au traitement des équations de perturbation. Jacobi l'a examiné en quelques lignes en négligeant plus au moins les travaux de Lagrange. Dans son travail sur les systèmes Hamiltoniens Jacobi omettait l'équation séculaire de Lagrange sans justification, chose qui n'est pas juste du moment que l'on en a besoin pour décrire correctement le mouvement.

Poincaré Dans son livre [40, 41], Poincaré déterminait les solutions périodiques par le développement en série par rapport à un paramètre ε (petit). Il considérait l'équation

$$\ddot{x} + x = \varepsilon f(x, \dot{x}),$$

et il supposait l'existence de solutions périodiques isolées pour $0 < \varepsilon << 1$. Si $\varepsilon = 0$, toutes les solutions sont périodiques. Sous certaines conditions, Poincaré prouvait qu'on peut décrire les solutions périodiques au moyen de séries entières en ε, convergentes, où les coefficients sont des fonctions du temps t, bornées. Dans ce même livre, il montrait comment appliquer sa méthode, tout en affirmant que si les conditions ne sont pas satisfaites, alors on n'a pas de séries convergentes. Poincaré a utilisé la formulation de Lagrange et Jacobi assujettie à une condition séculaire justifiant les solutions périodiques. Notons aussi que Poincaré a consacré une grande partie dans son livre "Leçons de Mécanique Céleste" à la théorie planétaire de perturbation avec une discussion approfondie de l'oeuvre de Lagrange sur la moyennisation (Théorie de perturbation séculaire).

Van der Pol   Van der Pol cherche des solutions approchées du problème [58]

$$\ddot{x} + x = \varepsilon(1 - x^2)\dot{x}.$$

Moyennant le changement de variable suivant :

$$(x, \dot{x}) \to (a, \varphi)$$

avec

$$x = a\sin(t + \varphi), \ \dot{x} = -a\cos(t + \varphi).$$

Par rapport à la variable a, l'équation s'écrit

$$\frac{da^2}{dt} = \varepsilon a^2(1 - \frac{1}{4}a^2) + \cdots,$$

Si on néglige les termes de degré supérieur à 4. Van der Pol obtient une équation intégrable $\frac{da^2}{dt} = \varepsilon a^2(1 - \frac{1}{4}a^2)$, qui fournit une bonne approximation de l'amplitude a. Le changement de variable $x = a\sin(t + \varphi)$ est un bon exemple de la variation des constantes de Lagrange. L'équation d'approximation de a est l'équation séculaire de Lagrange de l'amplitude.

Krylov-Bogoliubov   Dans le cas où le champ de vecteurs est général (pas nécessairement presque périodique) Krylov et Bogoliubov [8] ont démontré certains résultats sur la moyennisation du problème général

$$\dot{x} = \varepsilon f(x, t)$$

où ils supposent que la limite suivante existe

$$\lim_{T \to \infty} \frac{1}{T} \int_0^T f(x, s)ds.$$

Avant de terminer   Sous certaines conditions (la périodicité par rapport à t et la différentiabilité du champ de vecteurs), parmi d'autres conditions, Fatou [17] montre la validité de l'approximation à un $O(\varepsilon)$ à l'echelle de temps $\frac{1}{\varepsilon}$. On trouve un résultat équivalent des auteurs Mandelstam et Papalexi [37].

3.1.3   Principaux résultats sur la moyennisation dans les EDO

La moyennisation, comme il est bien connu, est une méthode bien adaptée pour l'analyse des oscillations non linéaire. Le principe de base est le suivant : il s'agit de remplacer le champ de vecteurs par sa moyenne par rapport au temps, avec comme objectif d'obtenir des approximations asymptotiques du problème d'origine.

Dans ce bref rappel, nous nous limitons à deux références [29, 48] et les références contenues dans ces deux dernières. Dans le livre [48] les auteurs considèrent l'équation

$$\frac{dx}{dt} = \varepsilon f_1(x, t) + \varepsilon^2 f_2(x, t, \varepsilon), \quad x(0) = a, \tag{3.1}$$

où f_1 et f_2 sont périodiques, par rapport à t, de période égale à T, $x, a \in D$, où D est un domaine de $\mathbb{R}^n$ (avec fermeture compacte $\bar{D}$). Soit l'équation moyennisée définie par

$$\frac{dz}{dt} = \varepsilon \bar{f}_1(z), \quad z(0) = a, \tag{3.2}$$

avec

$$\bar{f}_1(z) = \frac{1}{T} \int_0^T f(z, s) ds. \tag{3.3}$$

L'objectif est de comparer la solution de l'équation (3.1) (qui est généralement difficile à résoudre) avec celle de l'équation (3.2). Le résultat principal est le théorème suivant

Théorème 3.1 (Le cas périodique) *[48] On suppose que les fonctions f_1 et f_2 sont continues par rapport à (x, t) et (x, t, ε) respectivement et sont de Lipschitz en x. Soient L et $\varepsilon_0 > 0$ deux constantes telles que les solutions $x(t, \varepsilon)$ et $z(t)$ avec $0 \leq \varepsilon \leq \varepsilon_0$ restent dans D pour $0 \leq t \leq \dfrac{L}{\varepsilon}$.*

Alors il existe une constante $C > 0$ telle que $\|x(t, \varepsilon) - z(t)\| \leq \varepsilon C$ pour tout $0 \leq t \leq \dfrac{L}{\varepsilon}$.

Un second résultat concerne la moyennisation dans le cas où f_1 et f_2 ne sont pas périodiques, mais avant de l'énoncer faisons le rappel suivant :

Définition 3.1 *Soit un champ de vecteurs continu $f : \mathbb{R}^n \times \mathbb{R} \to \mathbb{R}^n$. On définit la moyenne locale de f, qu'on note f_T, par l'intégrale suivante :*

$$f_T(x, t) = \frac{1}{T} \int_0^T f(x, t + s) ds, \quad T \in \mathbb{R}$$

Définition 3.2 *Soit un champ de vecteurs $f : \mathbb{R}^n \times \mathbb{R} \to \mathbb{R}^n$, on suppose que f est continue par rapport à (x, t) dans $D \times \mathbb{R}^+$ et de Lipschitz en x dans $D \subset \mathbb{R}^n$. Si la moyenne*

$$\bar{f}(z) = \underset{T \to \infty}{Lim} \frac{1}{T} \int_0^T f(z, s) ds. \tag{3.4}$$

existe et que la limite est uniforme en x dans les compacts $K \subset D$, alors le champ de vecteurs f est dit de type KBM (en référence à Krylov, Bogoliubov et Mitropolsky).

A noter que le champ de vecteurs f peut contenir des paramètres autres que (x, t). On suppose dans ce cas que les paramètres et les conditions initiales sont indépendantes de ε et que la limite est uniforme par rapport aux paramètres.

Théorème 3.2 (Le cas général) *[48] On considère le problème de Cauchy suivant :*

$$\frac{dx}{dt} = \varepsilon f_1(x,t), \quad x(0) = a, \tag{3.5}$$

avec $f_1 : \mathbb{R}^n \times \mathbb{R} \to \mathbb{R}^n$ et

$$\frac{dz}{dt} = \varepsilon \bar{f}_1(z), \quad z(0) = a,$$

où

$$\bar{f}_1(z) = \underset{T \to \infty}{Lim} \frac{1}{T} \int_0^T f_1(z,s)ds$$

et $x, z, a \in D \subset \mathbb{R}^n$, $t \in [0, \infty[$ et $\varepsilon \in]0, \varepsilon_0]$. On suppose que
1) f_1 est un champ de vecteurs de type KBM avec comme moyenne $\bar{f}_1$.

2) $z(t)$ appartient à l'intérieur d'un sous ensemble de D sur l'intervalle $[0, \frac{L}{\varepsilon}]$ pour un certain L strictement positif;
Alors

$$x(t, \varepsilon) - z(t) = O(\sqrt{\delta_1(\varepsilon)}), \ \forall t \in [0, \frac{L}{\varepsilon}].$$

On rappelle que :

Définition 3.3 *Une fonction $\delta(\varepsilon)$ est appelée fonction d'ordre, si elle est continue, positive sur l'intervalle $]0, \varepsilon_0]$ et que la limite $\underset{\varepsilon \to 0}{Lim} \delta(\varepsilon)$ existe.*

Dans [29] les auteurs ont utilisé la technique de stroboscopie pour moyenniser dans les équations du type (3.5). Cette technique leur a permis d'affaiblir les conditions de régularité exigés dans la littérature classique.

Soit U un ouvert de $\mathbb{R}^n$ et soit $f : U \times \mathbb{R}^+ \to \mathbb{R}^n$ une fonction continue. Soit $x_0 \in U$. On considère le problème à condition initiale suivant :

$$\frac{dx}{dt} = \varepsilon f(x,t), \quad x(0) = x_0, \tag{3.6}$$

où ε est un paramètre réel petit positif. On suppose que le problème (3.6) vérifie les hypothèses incluses dans la définition suivante :

Définition 3.4 *On dit qu'un champ de vecteurs $f : U \times \mathbb{R}^+ \to \mathbb{R}^n$ est de type KBM s'il est continu et satisfait les conditions suivantes :*
(C1) La fonction f est continue en x uniformément par rapport à t.
(C2) Pour tout x de U, la moyenne $F(x) := \underset{T \to \infty}{Lim} \frac{1}{T} \int_0^T f(x,t)dt$ existe.
(C3) Le problème

$$\frac{dy}{dt} = \varepsilon F(y(t)), y(0) = x_0 \tag{3.7}$$

admet une solution unique.

Théorème 3.3 *[29] On suppose que f est un champ de vecteurs de type KBM. Soit $x_0 \in U$. Soit y la solution de (3.7) et soit $L \in J$, où $J = [0, \omega[, 0 < \omega \leq \infty$ est son demi intervalle positif maximal d'existence. Alors, pour tout $\delta > 0$, il existe $\varepsilon_0 = \varepsilon_0(L, \delta) > 0$ tel que pour tout ε dans $]0, \varepsilon_0]$, toute solution de (3.6) est définie au moins sur l'intervalle $[0, L]$ et vérifie l'inégalité $\|x(t) - y(t)\| \leq \delta$ pour tout t dans $[0, L]$.*

3.2 Stroboscopie

3.2.1 Introduction

La technique de la stroboscopie sous sa forme actuelle a débuté avec l'étude de l'équation $\dot{x} = \sin(\omega t x)$, où le point sur la variable désigne la dérivée ordinaire de x par rapport à t et ω est un infiniment grand. L'étude de cette équation a été proposée par R. Lutz au début de l'année 1977 [44, 51, 52], l'objectif étant de déterminer les ombres des solutions de l'équation différentielle $\dot{x} = \sin(\omega t x)$. J. L. Callot a donné la solution, une solution simple et astucieuse : Comme la dérivée $\dot{x}$ est limitée, une solution $x(t)$ est donc S-continue, dont l'ombre y est une fonction standard continue. Pour des raisons de symétrie l'étude est restreinte au quadrant $t \geq 0, x \geq 0$. L'ombre est une fonction décroissante, analytique sauf au point où elle traverse la première bissectrice d'équation $x = t$ où elle est continûment dérivable. Dans le secteur $t \geq x > 0$, il y a des pièges à trajectoires de sorte que l'ombre y est une parabole tx =constante. Dans le secteur $x > t > 0$, la solution x oscille et deux maxima successifs (t_n, x_n) et (t_{n+1}, x_{n+1}) vérifient :

$$0 < t_{n+1} - t_n \simeq 0 \quad \text{et} \quad \frac{x_{n+1} - x_n}{t_{n+1} - t_n} \simeq g(t_n, x_n), \tag{3.8}$$

où $g : \mathbb{R} \times \mathbb{R} \to \mathbb{R}$ est une fonction standard continue définie par

$$g(t, y) = \frac{\sqrt{y^2 - t^2} - y}{t}, t, y \in \mathbb{R}.$$

C'est G. Reeb qui a remarqué que la condition (3.8) signifiait que la suite (t_n, x_n) s'obtient par le schéma d'Euler, appliqué à l'équation différentielle $\dot{y} = g(t, y)$. Donc l'ombre y est une solution standard de l'équation $\dot{y} = g(t, y)$.

Pour des raisons de symétrie on se limite à l'ensemble $\{(t, x) \in \mathbb{R}^2 / t \geq 0, \quad x > 0\}$

Cas où $t \geq x > 0$:

Les deux branches d'hyperboles

$$\omega t x = 2k\pi, \quad \omega t x = 2k\pi - \frac{\pi}{2},$$

avec $\frac{k}{\omega}$ limité, ont une ombre commune d'équation $tx = cte$. Le champ est nul sur l'hyperbole $\omega t x = 2k\pi$ et de pente égal à -1 sur la deuxième hyperbole. On a ce qu'on appelle un *piège à trajectoires*.

Cas où $x > t \geq 0$:

Le champ est transverse aux branches d'hyperboles $tx = cte$ jusqu'à ce qu'il atteigne la droite diagonale $y = x$. Soit un point standard (t_k, x_k) tel que $\omega t_k x_k = 2k\pi$. Moyennant le changement de variable $T = \omega(t - t_k), X = \omega(x - x_k)$, l'équation $\dot{x} = \sin(\omega t x)$ se transforme en

$$\frac{dX}{dT} = \sin(\omega t_k x_k + (T x_k + X t_k) + \frac{TX}{\omega}). \tag{3.9}$$

Le changement de variable $y = T x_k + X t_k$, transforme l'équation (3.9), sachant que $\omega t_k x_k = 2k\pi$ en

$$\dot{y} = x_k + t_k \sin(y + \frac{TX}{\omega}), \tag{3.10}$$

qui est infiniment proche de l'équation standard

$$\dot{y} = x_k + t_k \sin(y). \tag{3.11}$$

On a $t_{k+1} = t_k + \frac{T}{\omega}$ pour une valeur $T = p$ pour laquelle $x_k p + t_k X(p) + \dfrac{pX(p)}{\omega} = 2\pi$. On en déduit que $y(p) \simeq 2\pi$.

Alors

$$p \simeq \int_0^{2\pi} \frac{dy}{x_k + t_k \sin y} = \frac{2\pi}{\sqrt{x_k^2 - t_k^2}}, \quad X(p) \simeq \frac{2\pi - x_k p}{t_k} \left(1 - \frac{x_k}{\sqrt{x_k^2 - t_k^2}} \right).$$

Ce qui justifie la fonction $g(t, y) = \dfrac{\sqrt{y^2 - t^2} - y}{t}, t, y \in \mathbb{R}$.

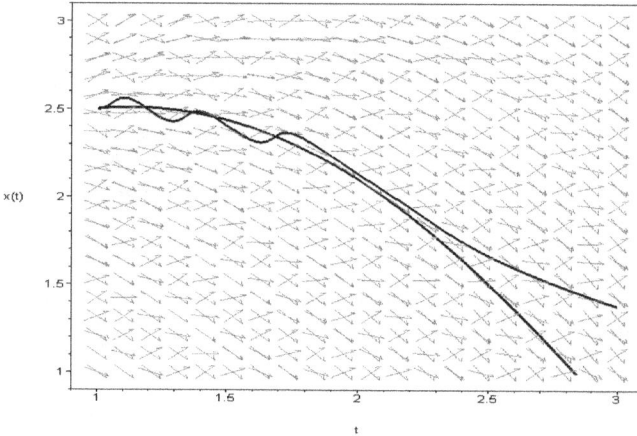

Comparaison entre la solution de $x' = \sin(2tx)$ avec $x(1) = 2.5$ et la solution de $y' = g(t, y)$ correspondante

D'une façon formelle le principe se résume comme suit [52] :" L'idée de base est simple. On étudie une fonction X, qui est en général solution d'une certaine EDO. On suppose que X se laisse surprendre (c'est l'effet stroboscopique) en des instants discrets et infiniment proches (instants d'observation de la stroboscopie), mais éventuellement très irrégulièrement espacés de sorte que la pente $\dfrac{x(t_{i+1}) - x(t_i)}{t_{i+1} - t_i}$ entre deux flashs soit infiniment proche de la valeur $X(t_i, x(t_i))$, où X est une fonction standard. Dans ces conditions la fonction X est infiniment proche d'une solution de l'ODE (standard) $x' = X(t, x)$".

Le Lemme de Stroboscopie a été utilisé par plusieurs auteurs et dans des domaines variés. Il suffit de consulter les références et les commentaires dans [52]. La version qu'on a utilisée dans ce travail est une version établie par T. Sari dans [49]. Une amélioration du Lemme de Stroboscopie avec une extension aux équations différentielles fonctionnelles à retard a été élaborée récemment par M. Lakrib et T. Sari dans [27] et [29].

23

3.2.2 Stroboscopie

Afin de garder l'empreinte historique nous allons donner ici la première version du Lemme de Stroboscopie [10, 44, 51, 52], mais avant de faire, on va reprendre quelques paragraphes, de l'article de T. Sari [52], "Petite histoire de la stroboscopie".

"Cette petite histoire est pour moi, qui fus un témoin direct de la naissance de la stroboscopie, puis un acteur de son développement, l'occasion d'évoquer un aspect des personnalités et de l'oeuvre scientifique de Jean Louis Callot et de Georges Reeb."

"Je ne sais pas qui de Callot ou de Reeb a proposé le mot stroboscopie, mais je le trouve très pertinent et rendant parfaitement compte de la méthode."

"Mon expérience personnelle dans cette période me pousse à penser que la stroboscopie est vraiment une méthode efficace pour résoudre des problèmes. Elle a en tout cas permis au novice que j'étais de pénétrer dans un domaine de recherche très riche et très développé par une voie tout a fait originale. Le traitement de ces questions classiques de moyennisation par la méthode de stroboscopie n'est pas une redite des travaux connus dans un langage nouveau, mais vraiment une approche différente."

" Au cours de mon exposé, ayant annoncé que j'allais utiliser la stroboscopie de Callot, j'ai entendu Reeb dire "et de son rédacteur Reeb". N'ayant pas bien compris son commentaire, j'ai marqué un temps d'arrêt et je l'ai regardé. Il a répété alors : "La stroboscopie de Callot et de son rédacteur Reeb". Il s'agissait probablement d'une coquetterie de sa part car nous sommes unanimes à témoigner que jamais Reeb n'a cherché a revendiquer la paternité d'une quelconque idée dans l'asymptotique non standard même lorsqu'il a été très directement impliqué. Cependant, je reste convaincu que sans la perspicacité de Reeb, ce qui est devenu aujourd'hui un véritable outil de l'asymptotique non standard, ne serait resté qu'un simple calcul, sur quelques exemples particuliers, où un esprit bienveillant accepterait tout juste de reconnaître la convergence du schéma d'Euler. C'est la raison pour laquelle il me plait aujourd'hui de parler de la stroboscopie de Callot-Reeb et je vous invite à en faire autant."

"Ces souvenirs que j'ai essayé de faire revivre pour vous sont jalonnés d'histoires de printemps. Je forme le voeux que ce nouveau printemps qui nous réunit aujourd'hui autour de la mémoire de Jean Louis Callot et de Georges Reeb soit une source d'inspiration féconde pour le futur. J'ai parlé de l'astuce et du bon sens de l'un, de la perspicacité et de la générosité de l'autre, mais il fallait aussi vraiment du génie pour avancer aussi vite et aussi loin que Callot et Reeb, et pour entraîner, chacun à sa manière tellement de gens dans leur sillage."

Théorème 3.4 (Lemme de Stroboscopie) *Soit* $x : \mathbb{R} \to \mathbb{R}^n$ *une fonction. On suppose qu'il existe une suite finie* $(t_i)_{i=0,\ldots,\omega}$, *strictement monotone, telle que :*

a) $t_i \simeq t_{i+1}, \forall i$ *et* $t_\omega \not\simeq t_0$,

b) $(t_0, x(t_0))$ *est limité et* $x(t) \simeq x(t_i) \ \forall t \in [t_{i-1}, t_i[$,

c)   *Il existe une fonction* $g : \mathbb{R} \times \mathbb{R}^n \to \mathbb{R}^n$ *standard continue, telle que :*

$$\frac{x(t_n) - x(t_{n-1})}{t_n - t_{n-1}} \simeq g(t_{n-1}, x(t_{n-1})).$$

Alors x *admet une ombre* $^\circ x$ *sur un intervalle standard* $[^\circ t_0, b]$, *non réduit à un point et* $^\circ x$ *est dérivable et est solution de l'équation*

$$\dot{y} = g(t, y), \ y(0) = {}^\circ(x(0)).$$

24

Chapitre 4

Sur les systèmes lents-rapides et sur les systèmes Hamiltoniens

4.1 Sur les systèmes lents-rapides

4.1.1 Définitions et notions de bases

Considérons le problème associé aux systèmes et aux conditions initiales suivants :

$$\varepsilon \frac{dx}{dt} = F(x, y, \varepsilon), \quad x(0) = \alpha_\varepsilon, \quad \frac{dy}{dt} = G(x, y, \varepsilon), \quad y(0) = \beta_\varepsilon. \tag{4.1}$$

Ce type de système est souvent appelé système lent-rapide ou système à deux échelles de temps où $x \in \mathbb{R}^n$ et $y \in \mathbb{R}^m$ sont respectivement la variable *rapide* et la variable *lente* et ε est un réel positif petit. On suppose que les fonctions F et G sont continues, définies sur un ouvert D de $\mathbb{R}^{n+m+1}$ et suffisamment régulières pour que le théorème d'existence et d'unicité des solutions s'applique. On suppose encore que les conditions initiales dépendent d'une façon continue de ε. Le système (4.1) est en fait une famille de systèmes dépendant de ε. Ce dernier varie dans un petit intervalle $[0, \varepsilon_0[$. Le fait que la dérivée est multipliée par ε ne permet pas l'application du théorème de la dépendance continue des solutions par rapport aux paramètres. Ceci caractérise les perturbations singulières. La théorie des perturbations singulières a pour objectif d'étudier le comportement des solutions de (4.1) quand $\varepsilon \to 0$, sur des intervalles bornés et éventuellement non bornés. Le dixième chapitre du livre de Wasow [62] en est une excellente référence. Le changement de variable $\tau = t/\varepsilon$ transforme (4.1) en

$$\frac{dx}{d\tau} = F(x, y, \varepsilon), \quad x(0) = \alpha_\varepsilon, \quad \frac{dy}{d\tau} = \varepsilon G(x, y, \varepsilon), \quad y(0) = \beta_\varepsilon, \tag{4.2}$$

dont le système nominal[1] est donné par

$$\frac{dx}{d\tau} = F(x, y, 0), \quad x(0) = \alpha_0, \quad \frac{dy}{d\tau} = 0, \quad y(0) = \beta_0. \tag{4.3}$$

En considérant y comme paramètre, l'équation suivante :

$$\frac{dx}{d\tau} = F(x, y, 0). \tag{4.4}$$

---

[1] Un système nominal est un système non-perturbé

25

est appelée *l'équation rapide*. La composante x de la solution de (4.2) varie très vite par rapport à ce qu'on appelle l'*équation de la couche limite* donnée par :

$$\frac{dx}{d\tau} = F(x, \beta_0, 0), \ x(0) = \alpha_0. \tag{4.5}$$

L'ensemble des zéros de $F(x, y, 0) = 0$ forme ce qu'on appelle la *variété lente* de (4.2). Elle est formée par l'ensemble des points d'équilibre de la dynamique rapide (4.4). Une solution de (4.4) peut être non bornée quand $\tau \to \infty$, comme elle peut tendre vers un point d'équilibre ou encore elle peut s'approcher d'un attracteur plus complexe. Notons que le comportement asymptotique d'une solution est lié aux conditions initiales. Supposons l'existence d'une fonction $\xi : \mathbb{R}^m \to \mathbb{R}^n$ telle que $x = \xi(y)$ est solution de $F(x, y, 0) = 0$. On appelle le système lent où parfois l'*équation lente* associée au système (4.1) l'équation suivante :

$$\frac{dy}{dt} = G(\xi(y), y, 0)$$

Le *problème réduit* est défini par :

$$\frac{dy}{dt} = G(\xi(y), y, 0), \ y(0) = \beta_0. \tag{4.6}$$

Avant d'énoncer le théorème de Tikhonov, nous rappelons que ce dernier concerne le cas où les solutions de l'équation rapide (4.4) tendent vers des points d'équilibre.

Sur la stabilité des équilibres : définitions

Rappelons qu'un point d'équilibre $x = \xi(y)$ de (4.4) est dit :

1. *Stable* (au sens de Lyapunov) si, pour tout $\mu > 0$, il existe un $\eta = \eta(\mu, y) > 0$ tel que toute solution $x(\tau, y)$ de (4.4), pour laquelle $||x(0, y) - \xi(y)|| < \eta$, peut être prolongée pour tout $\tau > 0$ et satisfait $||x(\tau, y) - \xi(y)|| < \mu$.

2. Instable s'il n'est pas stable.

3. *Attractif* s'il admet un bassin d'attraction, i.e, un voisinage $\mathcal{V}$ tel que toute solution $x(\tau, y)$ de (4.4) pour laquelle $x(0, y) \in \mathcal{V}$ peut-être prolongée pour tout $\tau > 0$ et satisfait $\lim\limits_{\tau \to +\infty} x(\tau, y) = \xi(y)$. Il est dit globalement attractif si $\lim\limits_{\tau \to +\infty} x(\tau, y) = \xi(y)$ est vérifiée pour toutes les solutions.

4. *Asymptotiquement stable* s'il est stable et attractif en même temps. Il est dit globalement asymptotiquement stable (GAS) s'il est stable et globalement attractif.

5. *Asymptotiquement stable uniformément par rapport à y* si le réel $\eta = \eta(\mu, y)$ dans la définition de la stabilité ne dépend pas de y.

6. *Exponentiellement stable* si pour tout $\mu > 0$, il existe $\eta > 0, M > 0$ et $\alpha > 0$ tels que pour toute solution $x(\tau, y)$ de (4.4) on ait

$$||x(0, y) - \xi(y)|| < \eta \implies ||x(\tau, y) - \xi(y)|| < M \, ||x(0, y) - \xi(y)|| \exp(-\alpha\tau)$$

pour tout $\tau > 0$. Il est dit *globalement exponentiellement stable* si la majoration est vraie pour toutes les solutions.

4.1.2 Rappel de quelques résultats fondamentaux

Théorie de Tikhonov : approche originelle

Dans la littérature classique on peut énumérer plusieurs méthodes de résolution des problèmes de perturbations singulières (voir [11, 22, 56]). Parmi ces méthodes, on cite celle des développements raccordés, celle des approximations successives complémentaires, celle des échelles multiples et celle de Poincaré-Lighthill.

Théorème de Tikhonov On note les hypothèses par la lettre T.

$T1$: On suppose que l'équation rapide (4.4) admet une solution unique pour toute condition initiale donnée et ceci pour toute valeur fixée du paramètre y.

$T2$: Il existe un domaine[2] K à adhérence compacte et d'intérieur non vide de $\mathbb{R}^m$ et une fonction continue ξ telle que pour tout $y \in K$, $x = \xi(y)$ est une solution isolée de $F(x,y,0) = 0$, c'est-à-dire que $F(\xi(y),y,0) = 0$, et il existe un réel positif δ tel que la relation $y \in K, \|x - \xi(y)\| < \delta$ et $x \neq \xi(y)$ implique $F(x,y,0) \neq 0$.

$T3$: On suppose que l'équation lente (4.6) admet une solution unique pour toute condition initiale donnée.

$T4$: Pour tout $y \in K$, le point d'équilibre $x = \xi(y)$ de l'équation rapide (4.4) est asymptotiquement stable uniformément par rapport à y.

$T5$: On suppose que (α_0, β_0) appartient au bassin d'attraction de la racine $x = \xi(y)$.

Théorème 4.1 *[62] On suppose que les hypothèses $T1$ à $T5$ sont satisfaites et que les fonctions F, G, α_ε et β_ε sont continues. Soit $\tilde{x}(\tau)$ la solution de l'équation de la couche limite (4.5), soit $\bar{y}(t)$ la solution du problème réduit (4.6) et soit L un réel positif dans son intervalle de définition. Alors :*

$\forall \eta > 0, \exists \varepsilon^* > 0, \forall \varepsilon \in]0, \varepsilon^*]$, toute solution $(x(t,\varepsilon), y(t,\varepsilon))$ de (4.1) est définie au moins sur $[0, L]$ et il existe $\omega > 0$ tel que

$\varepsilon\omega < \eta$ et $\|y(t,\varepsilon) - \bar{y}(t)\| < \eta$ pour tout t dans $[0, L]$,

$\|x(t,\varepsilon) - \xi(\bar{y}(t))\| < \eta$ pour tout t dans $[\varepsilon\omega, L]$,

$\|x(\varepsilon\tau,\varepsilon) - \tilde{x}(\tau)\| < \eta$ pour tout t dans $[0, \omega]$.

Remarque 4.1 *S'il y a unicité des solutions pour (4.1) le théorème dit :*

$$\underset{\varepsilon \to 0}{Lim} x(t,\varepsilon) = \xi(\bar{y}(t)), \forall t \in]0, L], \quad \underset{\varepsilon \to 0}{Lim} y(t,\varepsilon) = \bar{y}(t), \forall t \in [0, L].$$

Remarque 4.2 *Si de plus le problème (4.6) admet dans l'intérieur de K un équilibre asymptotiquement stable, la conclusion du théorème reste vraie pour tout t positif.*

Exemple 4.1 *Soit le système suivant dans $\mathbb{R}^2$*

$$\varepsilon\frac{dx}{dt} = -y - (1 + \varepsilon)x \quad x(0) = a$$
$$\frac{dy}{dt} = x \qquad\qquad\qquad y(0) = b.$$

---

[2]Le domaine est un ouvert connexe

Ce dernier admet une solution exacte unique

$$x(t) = \frac{(a+b)}{1-\varepsilon} e^{-\frac{t}{\varepsilon}} - \frac{\varepsilon a + b}{1-\varepsilon} e^{-t},$$

$$y(t) = -\frac{\varepsilon(a+b)}{1-\varepsilon} e^{-\frac{t}{\varepsilon}} + \frac{\varepsilon a + b}{1-\varepsilon} e^{-t},$$

d'une part, d'autre part l'équation réduite

$$\frac{dy}{dt} = -y, \quad y(0) = b, \quad x = \xi(y) = -y$$

admet comme solution $\bar{y}(t) = be^{-t}$. *On a bien*

$$\lim_{\varepsilon \to 0} x(t, \varepsilon) = \xi(\bar{y}(t)), \forall t \in]0, L], \quad \lim_{\varepsilon \to 0} y(t, \varepsilon) = \bar{y}(t), \forall t \in [0, L],$$

Théorie de Tikhonov : approche topologique

Dans [32] les auteurs ont introduit une topologie sur l'ensemble des problèmes de Cauchy. Ils ont décrit le comportement des solutions de tous les systèmes appartenant à un petit voisinage du système non perturbé. Dans ce qui suit on va reprendre l'essentiel de leurs résultats :

Soit le problème

$$\varepsilon \dot{x} = f(x, y), \quad x(0) = \alpha, \\ \dot{y} = g(x, y), \quad y(0) = \beta, \tag{4.7}$$

où $(\cdot) = d/dt$, $f : \Omega \to \mathbb{R}^n$ et $g : \Omega \to \mathbb{R}^m$ sont continues, Ω est un ouvert de $\mathbb{R}^{n+m}$ et $(\alpha, \beta) \in \Omega$. L'ensemble

$$\mathcal{T} = \{(\Omega, f, g, \alpha, \beta) : \Omega \text{ ouvert de } \mathbb{R}^{n+m}, (\alpha, \beta) \in \Omega, \\ f : \Omega \to \mathbb{R}^n, \ g : \Omega \to \mathbb{R}^m \text{ continues}\}$$

est muni de la topologie de la convergence uniforme sur les compacts, que nous définissons comme étant la topologie pour laquelle un système de voisinages d'un élément $(\Omega_0, f_0, g_0, \alpha_0, \beta_0)$ est engendré par les ensembles

$$V(D, a) = \{(\Omega, f, g, \alpha, \beta) \in \mathcal{T} : D \subset \Omega, ||f - f_0||_D < a, ||g - g_0||_D < a, \\ ||\alpha - \alpha_0|| < a, ||\beta - \beta_0|| < a\},$$

où D est un sous-ensemble compact de Ω_0 et a un nombre réel strictement positif. Ici $||h||_D = \sup_{u \in D} ||h(u)||$, où h est définie sur le compact D à valeurs dans un espace normé. Il s'agit donc d'étudier le système (4.7) avec ε suffisamment petit et $(\Omega, f, g, \alpha, \beta)$ suffisamment proche d'un élément $(\Omega_0, f_0, g_0, \alpha_0, \beta_0)$ de $\mathcal{T}$ dans le sens de la topologie définie. L'*équation rapide* est alors définie par

$$x' = f_0(x, y), \tag{4.8}$$

où y est un paramètre et $(') = d/d\tau$, avec $\tau = t/\varepsilon$.

La *variété lente* du système est définie par l'ensemble des points de $\mathbb{R}^n \times \mathbb{R}^m$ vérifiant

$$f_0(x, y) = 0. \tag{4.9}$$

Elle est constituée des points d'équilibre de l'équation rapide (4.8). En substituant $\xi(y)$ à x dans la deuxième équation du problème de départ (4.7) on obtient l'*équation lente*

$$\dot{y} = g_0(\xi(y), y), \tag{4.10}$$

qui sera définie dans l'intérieur $\overset{\circ}{Y}$ du compact Y.

En adjoignant à l'équation rapide *(4.8)*, de paramètre $y = \beta_0$, la condition initiale $x(0) = \alpha_0$, on obtient l'*équation de la couche limite*

$$x' = f_0(x, \beta_0), \quad x(0) = \alpha_0. \tag{4.11}$$

De même que le *problème réduit* consiste en l'équation lente (4.10) avec la condition initiale $y(0) = \beta_0$:

$$\dot{y} = g_0(\xi(y), y), \quad y(0) = \beta_0. \tag{4.12}$$

L'objectif est d'étudier le problème (4.7) pour ε assez petit et $(\Omega, f, g, \alpha, \beta)$ suffisamment proche d'un élément $(D_0, f_0, g_0, \alpha_0, \beta_0)$.

Les résultats dans [32] sont énoncés sous les hypothèses suivantes :

$H1$: Pour tout y fixé, l'équation rapide (4.8) possède la propriété d'unicité de la solution pour toute condition initiale donnée.

La variété lente du système est définie par l'ensemble des points de $\mathbb{R}^{n+m}$ vérifiant

$$f_0(x, y) = 0.$$

Elle est formée des points d'équilibre de l'équation rapide (4.8). On suppose l'existence d'une variété L de dimension n qui soit contenue dans la variété lente et qui soit le graphe d'une fonction continue sur un compact d'intérieur non vide de $\mathbb{R}^m$. Plus exactement, il existe une application $\xi : Y \to \mathbb{R}^n$, Y étant un compact de $\mathbb{R}^m$, telle que $(\xi(y), y) \in \Omega_0$ pour tout $y \in Y$ et $L = \{(x, y) : x = \xi(y), y \in Y\}$.

$H2$: Pour tout $y \in Y$, $x = \xi(y)$ est une racine isolée de l'équation (4.8), c'est-à-dire $f_0(\xi(y), y) = 0$, et il existe un réel $\delta > 0$ tel que les relations $y \in Y, \|x - \xi(y)\| < \delta$ et $x \neq \xi(y)$ impliquent $f_0(x, y) \neq 0$.

$H3$: Pour tout $y \in Y$, $x = \xi(y)$ est un point d'équilibre de l'équation (4.8) asymptotiquement stable et son basin d'attraction est uniforme sur Y.

$H4$: L'équation lente (4.10) possède la propriété d'unicité de la solution pour toute condition initiale donnée.

$H5$: Le point β_0 est dans $\overset{\circ}{Y}$. Le point α_0 est dans le basin d'attraction du point l'équilibre $x = \xi(y)$.

Théorème 4.2 *Soient $f : \Omega_0 \to \mathbb{R}^n$ et $g : \Omega_0 \to \mathbb{R}^m$ et $\xi : Y \to \mathbb{R}^n$ des fonctions continues et soit (α_0, β_0) dans Ω_0. Supposons que les hypothèses $(H1)$ à $(H5)$ sont satisfaites. Soit $x_0(\tau)$ la solution de l'équation de la couche limite (4.11). Soit $y_0(t)$ la solution du problème réduit (4.12). Soit $I = [0, \omega[, 0 < \omega \leq +\infty$ son intervalle maximal positif de définition. Soit T dans I, I étant l'intervalle maximal positif de la solution $y_0(t)$. Pour tout $\eta > 0$, il existe $\delta > 0$ et un voisinage V de $(\Omega_0, f_0, g_0, \alpha_0, \beta_0)$ dans $\mathcal{T}$ tels que pour tout $\varepsilon < \delta$, et pour tout $(\Omega, f, g, \alpha, \beta) \in V$, toute solution $(x(t), y(t))$ du problème (4.7) soit définie au moins sur $[0, T]$ et il existe $L > 0$ tel que $\varepsilon L < \eta, \|x(\varepsilon\tau) - x_0(\tau)\| < \eta$ pour tout $0 \leq \tau \leq L, \|x(t) - \xi(y_0(t))\| < \eta$ pour $\varepsilon L \leq t \leq T$ et $\|y(t) - y_0(t)\| < \eta$ pour $0 \leq t \leq T$.*

Concernant les approximations des solutions pour $t \in [0, +\infty[$, on a besoin d'une hypothèse supplémentaire. Soit $y_\infty \in \overset{\circ}{Y}$ un équilibre de l'équation lente (4.10). Soit l'hypothèse suivante :

$H6$: Le point $y = y_\infty$ est un équilibre asymptotiquement stable de l'équation lente (4.10) et β_0 appartient au basin d'attraction de y_∞.

Quand l'hypothèse $H6$ est satisfaite, la solution $y_0(t)$ du problème réduit est définie pour tout $t \geq 0$ et satisfait la propriété $\lim\limits_{t \to +\infty} y_0(t) = y_\infty$. Dans ce cas précis la conclusion du théorème (4.2) reste valable pour tout t positif.

Théorème 4.3 *Soient $f : \Omega_0 \to \mathbb{R}^n$ et $g : \Omega_0 \to \mathbb{R}^m$ et $\xi : Y \to \mathbb{R}^n$ des fonctions continues et soient $y_\infty \in \overset{\circ}{Y}$ et (α_0, β_0) dans Ω_0. Supposons que les hypothèses $H1$ à $H6$ sont satisfaites. Soit $x_0(\tau)$ la solution de l'équation de la couche limite (4.11). Soit $y_0(t)$ la solution du problème réduit (4.12). Pour tout $\eta > 0$, il existe $\delta > 0$ et un voisinage V de $(\Omega_0, f_0, g_0, \alpha_0, \beta_0)$ dans T tels que pour tout $\varepsilon < \delta$, et pour tout $(\Omega, f, g, \alpha, \beta) \in V$, toute solution $(x(t), y(t))$ du problème (4.7) est définie pour tout $t \geq 0$ et il existe $L > 0$ tel que $\varepsilon L < \eta$, $\|x(\varepsilon\tau) - x_0(\tau)\| < \eta$ pour tout $0 \leq \tau \leq L$, $\|x(t) - \xi(y_0(t))\| < \eta$ pour $t \geq \varepsilon L$ et $\|y(t) - y_0(t)\| < \eta$ pour $t \geq 0$.*

Théorie de Pontryagin-Rodygin : approche topologique

Dans [55] T. Sari et K. Yadi ont étudié les systèmes lents-rapides pour lesquels la dynamique rapide admet des cycles limites, pour toutes les valeurs fixées des variables lentes. L'outil fondamental est le théorème de Pontyagin-Rodygin, qui décrit le comportement limite de la solution dans le cas de la continuité différentiable et les cycles sont exponentiellement stables. Plus précisément, ils considéraient les systèmes lents-rapides de la forme (4.7).

Lorsque l'équation rapide admet un cycle limite, la théorie de Tikhonov ne convient plus. Les hypothèses seront dénotées par la lettre P.

$P1$: *Pour tout y, l'équation rapide (4.8) possède la propriété d'unicité de la solution pour toute condition initiale fixée.*

$P2$: *Il existe une famille de solutions $x^*(\tau, y)$ dépendant continûment de $y \in G$, où $G \subset \mathbb{R}^m$ est un compact d'intérieur non vide, telle que :*

· *$x^*(\tau, y)$ est une solution périodique de l'équation rapide (4.8) de période $T(y) > 0$.*

· *L'application $y \to T(y)$ est continue.*

· *Le cycle Γ_y correspondant à la solution périodique $x^*(\tau, y)$ est asymptotiquement stable et son bassin d'attraction est uniforme sur G.*

De l'hypothèse $P2$, on déduit que le cycle Γ_y dépend continûment de y et est localement unique, i.e. il existe un voisinage W de Γ_y tel que l'équation rapide (4.8) n'admet pas d'autre cycle dans W. La solution $x^*(\tau, y)$ est dite orbitalement asymptotiquement stable.

Nous définissons l'équation lente dans l'intérieur $\overset{\circ}{G}$ de G par le système moyennisé

$$\dot{y} = \bar{g}_0(y) := \frac{1}{T(y)} \int_0^{T(y)} g_0(x^*(\tau, y), y) \, d\tau. \tag{4.13}$$

Supposons ce qui suit :

$P3$: *L'équation lente (4.13) possède la propriété d'unicité de la solution pour toute condition initiale fixée.*

$P4$: *Le point β_0 est dans $\overset{\circ}{G}$ et α_0 est dans le bassin d'attraction de Γ_{β_0}.*

Nous référons à l'équation de la couche limite comme étant

$$x' = f_0(x, \beta_0), \ x(0) = \alpha_0, \tag{4.14}$$

et au problème réduit comme étant

$$\dot{y} = \bar{g}_0(y), \ y(0) = \beta_0. \tag{4.15}$$

Un premier résultat a pour énoncé :

Théorème 4.4 *[55] Soit $(\Omega_0, f_0, g_0, \alpha_0, \beta_0)$ un élément de $\mathcal{T}$. Supposons vérifiées les hypothèses P1 à P4. Soit $\tilde{x}(\tau)$ et $\bar{y}(t)$ les solutions respectives de (4.14) et (4.15) et $L \in I$, où I est l'intervalle positif de définition de $\bar{y}(t)$. Alors, pour tout $\eta > 0$, il existe un $\varepsilon^* > 0$ et un voisinage $\mathcal{V}$ de $(\Omega_0, f_0, g_0, \alpha_0, \beta_0)$ dans $\mathcal{T}$ tel que pour tout $\varepsilon < \varepsilon^*$ et tout $(\Omega, f, g, \alpha, \beta)$ dans $\mathcal{V}$, toute solution $(x(t), y(t))$ de (4.7) est définie au moins sur $[0, L]$ et il existe $\omega > 0$ tel que*

$$\varepsilon \omega < \eta,$$
$$\|x(\varepsilon\tau) - \tilde{x}(\tau)\| < \eta \ pour \ 0 \le \tau \le \omega,$$
$$\|y(t) - \bar{y}(t)\| < \eta \ pour \ 0 \le t \le L,$$
$$\mathrm{dis}(x(t), \Gamma_{\bar{y}(t)}) < \eta \ pour \ \varepsilon\omega \le t \le L.$$

Pour prouver ce théorème, les auteurs établissent notamment trois faits. Le premier est que la trajectoire du problème (4.7) atteint quasi-instantanément à l'échelle du temps lent t la variété engendrée par les cycles de l'équation rapide (4.8) paramétrés par y. Le deuxième est qu'ensuite, tant que y est assez loin du bord de G, la trajectoire restera près de cette variété. Le troisième concerne l'approximation de ces deux phases par les solutions respectives des équations rapide et lente.

Théorème de Pontryagin–Rodygin : validité des approximations pour tous les temps

Les approximations du théorème 4.4 peuvent être obtenues également pour tout $t \ge 0$ en supposant par exemple qu'il existe dans $\overset{\circ}{G}$ un point d'équilibre $\bar{y}_\infty$ de l'équation lente moyennisée (i.e. $\bar{g}_0(\bar{y}_\infty) = 0$) qui soit asymptotiquement stable. Ainsi on suppose que :

P5 : *L'équation lente (4.13) admet un point d'équilibre $\bar{y}_\infty$ dans $\overset{\circ}{G}$ qui est asymptotiquement stable et β_0 est dans son bassin d'attraction.*

Théorème 4.5 *[55] Soit $(\Omega_0, f_0, g_0, \alpha_0, \beta_0)$ un élément de $\mathcal{T}$. Soit $\bar{y}_\infty \in \overset{\circ}{G}$. Supposons vérifiées les hypothèses P1 à P5. Soit $\tilde{x}(\tau)$ et $\bar{y}(t)$ les solutions respectives de (4.14) et (4.15). Alors, pour tout $\eta > 0$, il existe un $\varepsilon^* > 0$ et un voisinage $\mathcal{V}$ de $(\Omega_0, f_0, g_0, \alpha_0, \beta_0)$ dans $\mathcal{T}$ tels que pour tout $\varepsilon < \varepsilon^*$ et tout $(\Omega, f, g, \alpha, \beta)$ dans $\mathcal{V}$, toute solution $(x(t), y(t))$ de (4.7) est définie pour tout $t \ge 0$ et il existe $\omega > 0$ tel que*

$$\varepsilon \omega < \eta,$$
$$\|x(\varepsilon\tau) - \tilde{x}(\tau)\| < \eta \ pour \ 0 \le \tau \le \omega,$$
$$\|y(t) - \bar{y}(t)\| < \eta \ pour \ t \ge 0,$$
$$\mathrm{dis}(x(t), \Gamma_{\bar{y}(t)}) < \eta \ pour \ t \ge \varepsilon\omega.$$

4.2 Sur les systèmes Hamiltoniens

4.2.1 Définitions et notions de bases

Définition 4.1 *Soit $H : \mathbb{R}^n \times \mathbb{R}^n \times \mathbb{R} \to \mathbb{R}^n$ une fonction suffisamment régulière par rapport à ses arguments. Le système dynamique suivant :*

$$
\begin{cases}
\dot{q}_i = \dfrac{\partial H}{\partial p_i}(q, p, t), \\
\dot{p}_i = -\dfrac{\partial H}{\partial q_i}(q, p, t),
\end{cases}
\quad (i = 1, .., n)
\tag{4.16}
$$

est appelé système Hamiltonien et la fonction $H(p, q, t)$ est appelée fonction Hamiltoniène où l'Hamiltonien de (4.16).

Remarque 4.3 *Le système (4.16) peut-être écrit sous la forme condensée suivante :*

$$
\begin{cases}
\dot{q} = \dfrac{\partial H}{\partial p}(q, p, t), \\
\dot{p} = -\dfrac{\partial H}{\partial q}(q, p, t).
\end{cases}
\tag{4.17}
$$

Si la fonction de Hamilton ne dépend pas du temps t alors (4.17) est dit autonome ou conservatif. L'énergie est la valeur prise par l'Hamiltonien le long d'une trajectoire $(q(t), p(t))$. Elle dépend de la valeur initiale. Ainsi,

$$
H(q(t), p(t)) = E.
$$

Définition 4.2 *On appelle région d'oscillations de la fonction Hamiltoniène $H(q, p)$ un intervalle I de $\mathbb{R}$ tel que, pour tout E dans I, $H(q, p) = E$ définit une courbe fermée non triviale $C(E)$ dans le (q, p)-plan qui ne contient aucun point singulier qui annule $\dfrac{\partial H}{\partial p}$ et $\dfrac{\partial H}{\partial q}$.*

Définition 4.3 *On appelle degré de liberté d'un système Hamiltonien le nombre de paires (q_i, p_i). Il est égal à n dans le cas où le système est autonome et à $n + \frac{1}{2}$ dans le cas non autonome.*

Pour un système conservatif, l'énergie totale $E(t) = H(q(t), p(t))$ se conserve le long d'une trajectoire $\gamma(t) = (q(t), p(t))$, puisqu'on a la relation :

$$
\frac{dE}{dt} = \frac{\partial H}{\partial q}\frac{dq}{dt} + \frac{\partial H}{\partial p}\frac{dp}{dt} = 0.
$$

Pour étudier les trajectoires du système (4.17) il suffit d'étudier les courbes de niveau $H(q, p) = C^{te}$

4.2.2 Systèmes intégrables

Définition 4.4 *Soient $H(p,q)$ et $L(p,q)$ deux fonctions différentiables par rapport aux arguments q et $p \in \mathbb{R}^n$. Le crochet de Poisson de H avec L, noté $\{H, L\}$, est défini par*

$$\{H, L\} = \sum_{i=1}^{n} \left(\frac{\partial H}{\partial p_i} \frac{\partial L}{\partial q_i} - \frac{\partial H}{\partial q_i} \frac{\partial L}{\partial p_i} \right).$$

Définition 4.5 *Etant donné un système Hamiltonien. Une fonction L constante le long des trajectoires (c'est-à-dire $\dot{L} = 0$, sous le flux appliqué par les équations de Hamilton), s'appelle intégrale première.*

Théorème 4.6 *Une fonction L est une intégrale première du système Hamiltonien si*

$$\{H, L\} = 0.$$

Remarque 4.4 *Pour prouver ce théorème, il suffit d'appliquer le crochet de Poisson de H avec L.*

Définition 4.6 *On dit qu'un système Hamiltonien est complètement intégrable s'il possède n intégrales premières linéairement indépendantes (y compris l'Hamiltonien), où n est le nombre de degrés de liberté du système.*

4.2.3 Quelques résultats de référence

Dans [49] et [53], T. Sari développe et utilise la technique de stroboscopie dans la description des solutions des systèmes différentiels et en particulier pour des systèmes Hamiltoniens. Dans ce qui suit on va reprendre d'une façon succincte l'essentiel des résultats ayant une relation avec le thème de notre travail.

Soit le problème suivant

$$\begin{aligned}
\dot{q} &= \frac{\partial H}{\partial p}(p, q, \lambda) + \varepsilon f(p, q, \lambda), \quad p \in \mathbb{R}, \\
\dot{p} &= -\frac{\partial H}{\partial q}(p, q, \lambda) + \varepsilon g(p, q, \lambda), \quad q \in \mathbb{R}, \\
\dot{\lambda} &= \varepsilon h(p, q, \lambda), \quad \lambda \in \mathbb{R}^n,
\end{aligned} \tag{4.18}$$

où f, g et h sont continues. Soit $\gamma(t, \varepsilon) = (p(t, \varepsilon), q(t, \varepsilon), \lambda(t, \varepsilon))$ une solution de (4.18). L'énergie totale $E(t, \varepsilon) = H(p(t, \varepsilon), q(t, \varepsilon), \lambda(t, \varepsilon))$ varie lentement car :

$$\dot{E} = \varepsilon \Omega(p; q; \lambda), \quad \Omega = \frac{\partial H}{\partial p} g + \frac{\partial H}{\partial q} f + \frac{\partial H}{\partial \lambda} h. \tag{4.19}$$

Pour un temps de l'ordre de 1, les quantités $\lambda(t, \varepsilon)$ et $E(t, \varepsilon)$ restent presque constantes, ainsi une solution $\gamma(t, \varepsilon)$ qui passe par le point (p_0, q_0, λ_0) reste proche à la courbe $C(E_0, \lambda_0)$ définie par $H(p, q, \lambda_0) = E_0$ où $H(p_0, q_0, \lambda_0) = E_0$. La question fondamentale est de savoir ce qui ce passe pour un temps de l'ordre de $\dfrac{1}{\varepsilon}$. Cette question sera traitée dans le paragraphe suivant.

Perturbations non Hamiltoniènes

En posant $\tau = \varepsilon t$ le système (4.18)-(4.19) se transforme en

$$
\begin{aligned}
q' &= \frac{1}{\varepsilon}\frac{\partial H}{\partial p}(p,q,\lambda) + \varepsilon f(p,q,\lambda), \quad p \in \mathbb{R}, \\
p' &= -\frac{1}{\varepsilon}\frac{\partial H}{\partial q}(p,q,\lambda) + \varepsilon g(p,q,\lambda), \quad q \in \mathbb{R}, \\
\lambda' &= h(p,q,\lambda), \quad \lambda \in \mathbb{R}^n, \\
E' &= \Omega(p,q,\lambda).
\end{aligned}
\tag{4.20}
$$

Soit $(q(t,\lambda,E), p(t,\lambda,E))$ une solution du système Hamiltonien

$$
\begin{aligned}
\dot{q} &= \frac{\partial H}{\partial p}(p,q,\lambda), \quad p \in \mathbb{R}, \\
\dot{p} &= -\frac{\partial H}{\partial q}(p,q,\lambda), \quad q \in \mathbb{R},
\end{aligned}
\tag{4.21}
$$

où E est défini par $H(q,p,\lambda) = E$. On suppose que cette équation définit une courbe fermée $C(E,\lambda)$ dans le plan (q,p) qui ne contient aucun point singulier. Soit $P(E,\lambda)$ sa période. On définit dans la région d'oscillations D de l'Hamiltonien les fonctions $G(E,\lambda)$ et $K(E,\lambda)$ par

$$
G(E,\lambda) = \frac{R(E,\lambda)}{P(E,\lambda)}, \quad R(E,\lambda) = \int_0^{P(E,\lambda)} \Omega(p(t,\lambda,E), q(t,\lambda,E))dt,
$$

$$
K(E,\lambda) = \frac{S(E,\lambda)}{P(E,\lambda)}, \quad S(E,\lambda) = \int_0^{P(E,\lambda)} h(p(t,\lambda,E), q(t,\lambda,E))dt.
$$

Théorème 4.7 *Soit $\gamma(\tau,\varepsilon) = (p(\tau,\varepsilon), q(\tau,\varepsilon), \lambda(\tau,\varepsilon))$ une solution de (4.20) qui passe par le point (q_0, p_0, λ_0). On suppose que (E_0, λ_0) où $E_0 = H(q_0, p_0, \lambda_0)$ soit dans la région d'oscillations D et que la courbe fermée $C(E,\lambda)$ contient le point (q_0, p_0).*

Soit $E(\tau,\varepsilon) = H(p(\tau,\varepsilon), q(\tau,\varepsilon), \lambda(\tau,\varepsilon))$ l'energie totale de $\gamma(\tau,\varepsilon)$. Les fonctions $E(\tau,\varepsilon)$ et $\lambda(\tau,\varepsilon)$ sont approchées dans la région d'oscillations du Hamiltonien par les solutions $E_0(\tau)$, $\lambda_0(\tau)$ du système moyennisé

$$
E' = G(E,\lambda), \lambda' = K(E,\lambda)
\tag{4.22}
$$

avec la condition initiale (E_0, λ_0) aussi longtemps que τ soit limité et $(E_0(\tau), \lambda_0(\tau))$ soit limité et prend ses valeurs dans D.

Chapitre 5

Cas des problèmes réduits Hamiltoniens

5.1 Introduction

Après la généralisation des résultats de Tikhonov et Pontryagin-Rodygin pour les systèmes lents-rapides par C. Lobry et T. Sari et S. Touhami dans [32] et T. Sari, K. Yadi dans [55], il était tout à fait naturel de penser au cas où les trajectoires s'approchent d'un mouvement oscillatoire sur la variété lente [6]. Pour autant que nous savons, ce cas a été décrit par M. Remili dans [45]. L'auteur y a examiné le système scalaire lent-rapide

$$\frac{dx}{dt} = f(x, y, z), \ \frac{dy}{dt} = g(x, y, z), \ \varepsilon\frac{dz}{dt} = h(x, y) - z,$$

où l'équation lente qui présente des orbites périodiques admet une intégrale première. En utilisant l'application du premier retour de Poincaré, l'auteur a montré qu'après une transition rapide, la trajectoire considérée remplit la région des oscillations sur la variété lente. Cette étude est entièrement qualitative.

Le point de départ du présent travail est l'étude d'une perturbation singulière de l'oscillateur harmonique [5] du type

$$\varepsilon\frac{d^3x}{dt^3} + \frac{d^2x}{dt^2} + x = 0,$$

ou plus exactement du système qui lui est associé

$$\frac{dx}{dt} = y, \ \frac{dy}{dt} = z, \ \varepsilon\frac{dz}{dt} = -x - z.$$

Par le changement de variable $\varepsilon z_1 = x + z$, celui ci s'écrit :

$$\frac{dx}{dt} = y, \ \frac{dy}{dt} = -x + \varepsilon z_1, \ \varepsilon\frac{dz_1}{dt} = y - z_1.$$

Ce système est un cas particulier du système lent-rapide général suivant

$$\begin{aligned}
\frac{dx}{dt} &= \frac{\partial H}{\partial y}(x, y) + \varepsilon f(x, y, z, \varepsilon), \\
\frac{dy}{dt} &= -\frac{\partial H}{\partial x}(x, y) + \varepsilon g(x, y, z, \varepsilon), \\
\varepsilon\frac{dz}{dt} &= h(x, y, z, \varepsilon),
\end{aligned} \tag{5.1}$$

où le système lent est un système Hamiltonien. Nous considérons également un cas plus général où l'Hamiltonien dépend d'un paramètre lentement variable, plus exactement

$$\frac{dx}{dt} = \frac{\partial H}{\partial y}(x, y, \lambda) + \varepsilon f(x, y, z, \lambda, \varepsilon),$$
$$\frac{dy}{dt} = -\frac{\partial H}{\partial x}(x, y, \lambda) + \varepsilon g(x, y, z, \lambda, \varepsilon),$$
$$\varepsilon \frac{dz}{dt} = h(x, y, z, \lambda, \varepsilon),$$
$$\frac{d\lambda}{dt} = \varepsilon \alpha(x, y, z, \lambda, \varepsilon).$$

(5.2)

Nous définissons un système moyennisé

$$E' = M_1(E, \lambda), \lambda' = M_2(E, \lambda),$$

(5.3)

où $(') = \dfrac{d}{d\tau}$ tel que $\tau = \varepsilon t$. Les fonctions M_1 et M_2 sont les fonctions moyennisées de

$$\Omega(x, y, \lambda) = \omega(x, y, \xi(x, y, \lambda), \lambda), \ A(x, y, \lambda) = \alpha(x, y, \xi(x, y, \lambda), \lambda, 0),$$

sur les orbites fermées du système Hamiltonien

$$\frac{dx}{dt} = \frac{\partial H}{\partial y}(x, y, \lambda), \ \frac{dy}{dt} = -\frac{\partial H}{\partial x}(x, y, \lambda),$$

(5.4)

où λ est considéré comme un paramètre constant. La fonction ω est donnée par :

$$\omega(x, y, z, \lambda) = \frac{\partial H}{\partial x}(x, y, \lambda) f(x, y, z, \lambda, 0) + \frac{\partial H}{\partial y}(x, y, \lambda) g(x, y, z, \lambda, 0)$$
$$+ \frac{\partial H}{\partial \lambda}(x, y, \lambda) \alpha(x, y, z, \lambda, 0),$$

et la fonction ξ définit la variété lente $z = \xi(x, y, \lambda)$ de (5.2). Nous montrerons dans le théorème 5.5 que, pour toute solution $(x(\tau, \varepsilon), y(\tau, \varepsilon), z(\tau, \varepsilon), \lambda(\tau, \varepsilon))$ de (5.2), écrite dans l'échelle de temps τ, les fonctions $E(\tau) = H(x(\tau, \varepsilon), y(\tau, \varepsilon))$ et $\lambda(\tau, \varepsilon)$ sont approchées dans la région d'oscillations du Hamiltonien par les solutions du système moyennisé (5.3). Dans [53] T. Sari considère une perturbation d'un système Hamiltonien avec un paramètre lentement variable

$$\frac{dx}{dt} = \frac{\partial H}{\partial y}(x, y, \lambda) + \varepsilon f_1(x, y, \lambda, \varepsilon),$$
$$\frac{dy}{dt} = -\frac{\partial H}{\partial x}(x, y, \lambda) + \varepsilon g_1(x, y, \lambda, \varepsilon),$$
$$\frac{d\lambda}{dt} = \varepsilon \alpha_1(x, y, \lambda, \varepsilon),$$

(5.5)

où il utilise la méthode de stroboscopie pour obtenir des invariants adiabatiques. Il prouve (voir Théorème 2 dans [53] et ces références) que l'énergie E et le paramètre λ sont approchés par des solutions du système moyennisé (5.3) où les fonctions M_1 et M_2 sont les moyennisées des fonctions

$$\Omega_1(x, y, \lambda) = \omega_1(x, y, \lambda), \ A_1(x, y, \lambda) = \alpha_1(x, y, \lambda, 0),$$

sur les orbites fermées du système Hamiltonien (5.4). Ici, la fonction ω_1 est donnée par

$$\omega_1(x, y, \lambda) = \frac{\partial H}{\partial x}(x, y, \lambda) f_1(x, y, \lambda, 0) + \frac{\partial H}{\partial y}(x, y, \lambda) g_1(x, y, \lambda, 0)$$
$$+ \frac{\partial H}{\partial \lambda}(x, y, \lambda) \alpha_1(x, y, \lambda, 0).$$

Pour montrer comment le dernier résultat de [53] peut être utilisé pour prouver notre résultat malgré le fait que le système lent-rapide que nous considérons contienne également la variable rapide z, nous avons besoin de dire un mot sur la théorie géométrique des perturbations singulières. En particulier nous abordons ici le théorème de la variété invariante de Fenichel (pour les détails et les définitions, on peut voir [25]). Cela concerne les systèmes de la forme

$$y' = \varepsilon u(y, z, \varepsilon), \quad z' = v(y, z, \varepsilon), \tag{5.6}$$

où u et v sont C^∞ dans un ouvert $U \times I$ de $\mathbb{R}^{m+n+1}$, $0 \in I$. On suppose que l'ensemble $\mathcal{N}_0 = \{(y, z), \ v(y, z, 0) = 0\}$ est une variété normalement hyperbolique[1] donnée par le graphe d'une fonction C^∞, $z = \xi(y)$ définie sur un compact Y. Sous ces hypothèses, le théorème de Fenichel garantit que "$\mathcal{N}_0$ persiste pour de petites valeurs de ε", plus précisément, *pour tout entier positif r et pour tout $\varepsilon > 0$ assez petit, il existe une fonction $z = \mathcal{Z}(y, \varepsilon)$ de classe C^r définie pour y dans Y telle que la variété $\mathcal{N}_\varepsilon = \{(y, z), \ z = \mathcal{Z}(y, \varepsilon)\}$ soit localement invariante par (5.6). De plus $\mathcal{N}_\varepsilon \to \mathcal{N}_0$ quand $\varepsilon \to 0$.* Ainsi, sur la variété lente de Fenichel $\mathcal{N}_\varepsilon$, le système (5.6) est réduit à

$$y' = u(y, \mathcal{Z}(y, \varepsilon), \varepsilon).$$

Les hypothèses que nous faisons dans notre travail ne nécessitent pas de fortes conditions de dérivabilité des fonctions intervenant dans le problème. La variété lente n'est pas censée être différentiable ni normalement hyperbolique, chose qui est exigée dans le théorème de Fenichel. Toutefois, si l'on suppose que le problème (5.2) admet une variété invariante donnée par $z = \mathcal{Z}(x, y, \lambda, \varepsilon)$, il devient tout simplement

$$\frac{dx}{dt} = \frac{\partial H}{\partial y}(x, y, \lambda) + \varepsilon f(x, y, \mathcal{Z}(x, y, \lambda, \varepsilon), \lambda, \varepsilon),$$
$$\frac{dy}{dt} = -\frac{\partial H}{\partial x}(x, y, \lambda) + \varepsilon g(x, y, \mathcal{Z}(x, y, \lambda, \varepsilon), \lambda, \varepsilon),$$
$$\frac{d\lambda}{dt} = \varepsilon \alpha(x, y, \mathcal{Z}(x, y, \lambda, \varepsilon), \lambda, \varepsilon),$$

qui est un système Hamiltonien perturbé avec des paramètres lentement variables de la forme (5.5), où

$$f_1(x, y, \lambda, \varepsilon) = f(x, y, \mathcal{Z}(x, y, \lambda, \varepsilon), \lambda, \varepsilon),$$
$$g_1(x, y, \lambda, \varepsilon) = g(x, y, \mathcal{Z}(x, y, \lambda, \varepsilon), \lambda, \varepsilon),$$
$$\alpha_1(x, y, \lambda, \varepsilon) = \alpha(x, y, \mathcal{Z}(x, y, \lambda, \varepsilon), \lambda, \varepsilon).$$

---

[1]On suppose que l'ensemble $\mathcal{N}_0$ est une variété de dimension m. On dit que $\mathcal{N}_0$ est normalement hyperbolique si le linéarisé de

$$z' = v(y, z, 0),$$
$$y' = 0,$$

en tout point de $\mathcal{N}_0$ a exactement m valeurs propres sur l'axe imaginaire.

En outre, puisque $\mathcal{Z}(x, y, \lambda, 0) = \xi(x, y, \lambda)$, on a

$$\Omega_1(x, y, \lambda) = \Omega(x, y, \lambda), \quad A_1(x, y, \lambda) = A(x, y, \lambda).$$

D'après le théorème 2 dans [53], les solutions de (5.2) sont approchées par les solutions du système moyennisé (5.3), à condition que les hypothèses du théorème de Fenichel soient remplies. Il est à noter que notre contribution se compose d'une preuve directe fondée sur la théorie de Tikhonov et la méthode de stroboscopie.

Pour une bonne lecture, on préfère détailler notre approche sur le cas du système (5.1). Dans la Section 5.2, nous énonçons deux théorèmes, le premier étant une simple application du théorème de Tikhonov donnant le comportement des solutions de (5.1) pour un temps de l'ordre de 1. Le Théorème 5.2 donne une approximation de l'énergie totale de (5.1) pour un temps de l'ordre de $1/\varepsilon$. Nos résultats sont énoncés dans l'analyse classique et dans l'Analyse Non Standard et prouvés dans la théorie des ensembles internes (IST). La section 5.3 est consacrée aux énoncés externes des théorèmes de la section 5.2. Dans la section 5.4, nous considérons le système (5.2) où le système Hamiltonien dépend d'un paramètre vectoriel lentement variable. Nous avons choisi de présenter ce dernier résultat (Théorème 5.5) seulement dans une forme Non Standard. La section 5.5 est reservée à la démonstration des théorèmes de la section 5.3 et la section 5.4. Nous donnons quelques exemples d'application des théorèmes 5.2 et 5.5.

5.2 Moyennisation sur la variété lente

Considérons le système Hamiltonien

$$\begin{aligned}
\frac{dq}{dt} &= \frac{\partial H}{\partial p}(q, p), \\
\frac{dp}{dt} &= -\frac{\partial H}{\partial q}(q, p).
\end{aligned} \tag{5.7}$$

Les courbes de niveau $H(q, p) = E$, où E est une constante (l'énergie), sont les courbes intégrales de (5.7). Une solution périodique de (5.7) correspondant à l'orbite fermée $C(E)$ est notée par $(q(t, E), p(t, E))$ avec la période $P(E)$ et elle est définie pour tout t. Considérons le système

$$\begin{aligned}
\frac{dx}{dt} &= \frac{\partial H}{\partial y}(x, y) + \varepsilon f(x, y, z, \varepsilon), \\
\frac{dy}{dt} &= -\frac{\partial H}{\partial x}(x, y) + \varepsilon g(x, y, z, \varepsilon), \\
\varepsilon \frac{dz}{dt} &= h(x, y, z, \varepsilon),
\end{aligned} \tag{5.8}$$

avec les conditions initiales

$$x(0) = q_0, \; y(0) = p_0, \; z(0) = z_0, \tag{5.9}$$

où $(x, y, z) \in \mathbb{R} \times \mathbb{R} \times \mathbb{R}^n$. D'abord, nous décrivons les solutions du système (5.8) sur un intervalle de temps fini quand $\varepsilon \to 0$, par l'utilisation du théorème de Tikhonov.

On note les hypothèses par la lettre H.

$H1$: *Les fonctions f, g, h et les dérivées partielles de H sont continues par rapport à leurs arguments.*

Nous supposons que l'équation rapide

$$\frac{dz}{ds} = h(x, y, z, 0),\qquad (5.10)$$

où $s = t/\varepsilon$, a un point d'équilibre asymptotiquement stable $z = \xi(x, y)$. Plus exactement :
H2 : Il existe un domaine K à adhérence compacte et d'intérieur non vide dans $\mathbb{R}^2$ et une fonction continue ξ tels que pour tout $(x, y) \in K$, $z = \xi(x, y)$ *est une racine isolée de $h(x, y, z, 0) = 0$. Le point $z = \xi(x, y)$ est un équilibre asymptotiquement stable de (5.10) uniformément sur K.*
Le graphe de $z = \xi(x, y)$ est une composante attractive de la variété lente $h(x, y, z, 0) = 0$.
L'équation lente est le système Hamiltonien (5.7). Nous référons à l'équation de la couche limite par

$$\frac{dz}{ds} = h(x, y, z, 0),\ z(0) = z_0,\qquad (5.11)$$

et à l'équation réduite par

$$\begin{aligned}
\frac{dq}{dt} &= \frac{\partial H}{\partial p}(q, p),\ q(0, E_0) = q_0,\\
\frac{dp}{dt} &= -\frac{\partial H}{\partial q}(q, p),\ p(0, E_0) = p_0,
\end{aligned}\qquad (5.12)$$

où (q, p) appartient à $\mathring{K}$ et E_0 est le niveau d'énergie tel que $H(q_0, p_0) = E_0$. Nous énonçons la dernière hypothèse :
H3 : *L'équation rapide (5.10) et l'équation lente (5.7) ont la propriété d'unicité de la solution par rapport aux conditions initiales $(q_0, p_0) \in \mathring{K}$ et z_0 est dans le bassin d'attraction de $\xi(q_0, p_0)$.*
Le théorème ci-dessous est une conséquence du théorème de Tikhonov pour les systèmes lents-rapides et donne une approximation des solutions de (5.8)-(5.9) pour un temps d'ordre 1 et ceci pour ε suffisamment petit [32, 56]. Nous ne donnons pas sa preuve.

Théorème 5.1 *Supposons que les hypothèses H1 à H3 soient remplies. Soit $\tilde{z}(s)$ la solution de l'équation de couche limite (5.11) et $(q(t, E_0), p(t, E_0))$ la solution de l'équation réduite (5.12). Soit $T > 0$ dans l'intervalle positif de définition de $(q(t, E_0), p(t, E_0))$. Pour chaque $\eta > 0$, il existe $\varepsilon^* > 0$ tel que, pour tout $0 < \varepsilon < \varepsilon^*$, toute solution $\gamma(t, \varepsilon) = ((x(t, \varepsilon), y(t, \varepsilon), z(t, \varepsilon))$ de (5.8)-(5.9) est définie au moins sur $[0, T]$ et il existe $\omega > 0$ tel que*

$$\begin{aligned}
&\varepsilon\omega < \eta,\\
&|z(\varepsilon s) - \tilde{z}(s)| < \eta && \textit{pour tout } 0 \leq s \leq \omega,\\
&|x(t, \varepsilon) - q(t, E_0)| < \eta\ ,\ |y(t, \varepsilon) - p(t, E_0)| < \eta && \textit{pour tout } 0 \leq t \leq T,\\
&|z(t, \varepsilon) - \xi(q(t, E_0), p(t, E_0))| < \eta && \textit{pour tout } \varepsilon\omega \leq t \leq T.
\end{aligned}$$

D'après ce qui précède, pour ε assez petit, une trajectoire de phase $\gamma(t, \varepsilon) = (x(t, \varepsilon), y(t, \varepsilon), z(t, \varepsilon))$ de condition initiale (q_0, p_0, z_0) arrive rapidement après un petit temps $t_0 = \varepsilon\omega$, au voisinage de la variété lente $z = \xi(x, y)$, $(x, y) \in \mathring{K}$. Ensuite, elle reste proche de la courbe $C(E_0)$ définie par $H(x, y) = E_0$ pour un temps d'ordre 1. Maintenant, l'énergie totale $E(t, \varepsilon) = H(x(t, \varepsilon), y(t, \varepsilon))$ du système (5.8) varie lentement du fait que sa dérivée est donnée par

$$\frac{dE}{dt} = \varepsilon\omega(x, y, z, \varepsilon),\qquad (5.13)$$

39

où

$$\omega(x, y, z, \varepsilon) = \frac{\partial H}{\partial x}(x, y).f(x, y, z, \varepsilon) + \frac{\partial H}{\partial y}(x, y).g(x, y, z, \varepsilon). \tag{5.14}$$

Pour un temps de l'ordre de 1, la quantité $E(t, \varepsilon)$ reste presque constante et le problème est de décrire ce qui se passe pour un temps de l'ordre de $1/\varepsilon$. Il est plus naturel de considérer le système (5.8) et l'équation (5.13) à l'échelle de temps $\tau = \varepsilon t$. Le système (5.8) et l'équation (5.13) devienent

$$x' = \frac{1}{\varepsilon} \frac{\partial H}{\partial y}(x, y) + f(x, y, z, \varepsilon),$$

$$y' = -\frac{1}{\varepsilon} \frac{\partial H}{\partial x}(x, y) + g(x, y, z, \varepsilon), \tag{5.15}$$

$$z' = \frac{1}{\varepsilon^2} h(x, y, z, \varepsilon),$$

$$E' = \omega(x, y, z, \varepsilon). \tag{5.16}$$

Notons

$$\Omega(x, y) := \omega(x, y, \xi(x, y), 0),$$

et faisons une autre hypothèse pour éviter les problèmes de frontière :

$H4$: La région d'oscillations I de (5.7) est non vide et il existe un intervalle compact J dans I tel que $K = \bigcup_{E \in J} C(E)$.

Considérons l'équation moyennisée

$$\bar{E}' = \frac{M(\bar{E})}{P(\bar{E})} := \frac{1}{P(\bar{E})} \int\limits_0^{P(\bar{E})} \Omega(q(v, \bar{E}), p(v, \bar{E})) dv, \tag{5.17}$$

définie dans $\overset{\circ}{J}$. Nous rappelons que $(q(t, E), p(t, E))$ est la solution périodique de (5.7) d'énergie E et de période $P(E)$.

$H5$: *L'équation (5.17) possède la propriété d'unicité des solutions pour toute condition initiale fixée.*

Théorème 5.2 *Supposons que les hypothèses $H1$ à $H5$ soient remplies. Soit $\gamma(\tau, \varepsilon)$ une solution de (5.15) avec la condition initiale (5.9). Supposons que $E_0 = H(q_0, p_0) \in \overset{\circ}{J}$. Soit $E(\tau) = H(x(\tau, \varepsilon), y(\tau, \varepsilon))$ l'énergie totale de $\gamma(\tau, \varepsilon)$. Soit $\bar{E}(\tau)$ la solution de l'équation moyennisée (5.17) avec la condition initiale E_0 et soit L dans son intervalle positif de définition. Alors, pour chaque $\eta > 0$, il existe $\varepsilon^* > 0$ tel que pour tout $0 < \varepsilon < \varepsilon^*$ la fonction $E(\tau)$ satisfait $|E(\tau) - \bar{E}(\tau)| < \eta$ pour tout τ dans $[0, L]$.*

5.3 Résultats externes

Les théorèmes 5.3 et 5.4 ci-dessous sont les énoncés externes des théorèmes 5.1 et 5.2.

Théorème 5.3 *Soient f, g, H, h, ξ, p_0, q_0, z_0 et E_0 standard. Supposons que les hypothèses $H1$ à $H3$ soient satisfaites. Soit $\tilde{z}(s)$ la solution de l'équation de couche limite (5.11) et $(q(t, E_0), p(t, E_0))$ la solution de l'équation réduite (5.12). Soit $\varepsilon > 0$ un réel infinitésimal et T un nombre réel standard dans l'intervalle positif de définition de $(q(t, E_0), p(t, E_0))$.*

40

Alors, toute solution $\gamma(t, \varepsilon) = (x(t, \varepsilon), y(t, \varepsilon), z(t, \varepsilon))$ de (5.8) est définie au moins sur $[0, T]$ et il existe ω tel que $\varepsilon\omega \simeq 0$ et

$$z(\varepsilon s, \varepsilon) \simeq \tilde{z}(s), \qquad \qquad \text{pour tout } 0 \le s \le \omega,$$
$$x(t, \varepsilon) \simeq q(t, E_0), \ y(t) \simeq p(t, E_0) \quad \text{pour tout } 0 \le t \le T,$$
$$z(t, \varepsilon) \simeq \xi(q(t, E_0), p(t, E_0)), \qquad \text{pour tout } \varepsilon\omega \le t \le T.$$

Théorème 5.4 *Soient f, g, H, h, ξ, p_0, q_0, z_0 standard. Soit ε un réel positif infinitésimal. Supposons que les hypothèses H1 à H5 soient satisfaites. Soit $\gamma(\tau, \varepsilon) = ((x(\tau, \varepsilon), y(\tau, \varepsilon), z(\tau, \varepsilon))$ une solution de (5.15) avec la condition initiale (5.9). Supposons que $E_0 = H(q_0, p_0) \in \mathring{J}$. Soit $E(\tau) = H(x(\tau, \varepsilon), y(\tau, \varepsilon))$ l'énergie totale de $\gamma(\tau, \varepsilon)$. Soit $\bar{E}(\tau)$ la solution de l'équation moyennisée (5.17) avec la condition initiale E_0 et soit L standard dans son intervalle positif de définition . Alors, la fonction $E(\tau)$ satisfait $E(\tau) \simeq \bar{E}(\tau)$ pour tout $\tau \in [0, L]$.*

La preuve du théorème 5.4 est reportée à la section 5.5. Montrons d'abord que le théorème 5.4 se ramène au théorème 5.2. Nous aurons besoin de la formule de réduction due à E. Nelson [38]

$$\forall x \ (\forall^{st} y \ A \Rightarrow \forall^{st} z \ B) \equiv \forall z \ \exists^{fin} y' \ \forall x \ (\forall y \in y' \ A \Rightarrow B), \qquad (5.18)$$

où A (respectivement B) est une formule interne avec variable libre y (respectivement z) et paramètres standard. La notation $\forall^{st} X$ signifie «pour tout standard X» et $\exists^{fin} X$ signifie "il existe X,X fini".

Réduction du Théorème 5.2. Soit B la formule dans le théorème 5.2 : "la fonction $E(\tau)$ satisfait $|E(\tau) - \bar{E}(\tau)| < \eta$ pour tout τ dans $[0, L]$". Dire que "la fonction $E(\tau)$ satisfait $E(\tau) \simeq \bar{E}(\tau)$ pour tout τ dans $[0, L]$" est traduit par $\forall^{st}\eta \ B$. Dire que "$\varepsilon > 0$ est infinitésimal" est traduit par $\forall^{st}\varepsilon^* \ 0 < \varepsilon < \varepsilon^*$. Par conséquent, le théorème 5.4 affirme que

$$\forall \varepsilon \ (\forall^{st}\varepsilon^* \ 0 < \varepsilon < \varepsilon^* \Rightarrow \forall^{st}\eta \ B).$$

Dans cette formule, f, g, H, h, p_0, q_0, E_0 et L sont des paramètres standard, ε et η sont des réels strictement positifs. Par (5.18), la dernière formule est équivalente à

$$\forall \eta \ \exists^{fin}\varepsilon^{*\prime} \ \forall \varepsilon \ (\forall \varepsilon^* \in \varepsilon^{*\prime} \ 0 < \varepsilon < \varepsilon^* \Rightarrow B).$$

Mais pour $\varepsilon^{*\prime}$ ensemble fini, dire que $\forall \varepsilon^* \in \varepsilon^{*\prime} \ 0 < \varepsilon < \varepsilon^*$ revient à dire $0 < \varepsilon < \varepsilon^*$ pour $\varepsilon^* = \min \varepsilon^{*\prime}$. Alors, la formule est équivalente à

$$\forall \eta \ \exists \varepsilon^* \ \forall \varepsilon \ (0 < \varepsilon < \varepsilon^* \Rightarrow B).$$

Cela signifie que pour tous standard f, g, H, h, p_0, q_0, E_0 et L, l'énoncé du théorème 5.2 reste valable, donc par transfert, il est valable pour tous f, g, H, h, p_0, q_0, E_0 et $L > 0$. ∎

De la même manière, on peut établir que le théorème (5.1) se déduit du théorème (5.3).

5.4 Cas d'un paramètre lentement variable

Comme expliqué avant, nous présentons le cas où le mouvement lent est décrit par un système Hamiltonien en fonction d'un paramètre lentement variable $\lambda \in D$ où D est un compact de $\mathbb{R}^k$ tel que $\overset{\circ}{D} \neq \emptyset$. Plus exactement, à l'échelle de temps $\tau = \varepsilon t$, nous examinons le problème[2]

$$
\begin{aligned}
x' &= \frac{1}{\varepsilon}\frac{\partial H}{\partial y}(x, y, \lambda) + f(x, y, z, \lambda), \\
y' &= -\frac{1}{\varepsilon}\frac{\partial H}{\partial x}(x, y, \lambda) + g(x, y, z, \lambda), \\
z' &= \frac{1}{\varepsilon^2}h(x, y, z, \lambda), \\
\lambda' &= \alpha(x, y, z, \lambda),
\end{aligned} \tag{5.19}
$$

avec la condition initiale

$$
x(0) = q_0, \ y(0) = p_0, \ z(0) = z_0, \ \lambda(0) = \lambda_0. \tag{5.20}
$$

On note par J une région compacte des oscillations de la fonction de Hamilton $H(p, q, \lambda)$. L'énergie totale d'une solution $\gamma(\tau) = ((x(\tau), y(\tau), z(\tau), \lambda(\tau))$ vérifie

$$
E' = \omega(x, y, z, \lambda), \tag{5.21}
$$

où

$$
\omega = \frac{\partial H}{\partial x}.f + \frac{\partial H}{\partial y}.g + \frac{\partial H}{\partial \lambda}\alpha. \tag{5.22}
$$

Sous les conditions du théorème de Tikhonov, la trajectoire arrive rapidement au voisinage de la variété attractive $\{z = \xi(x, y, \lambda), \ \lambda = \lambda_0\}$ et est d'abord approchée par la solution de l'équation réduite

$$
\begin{aligned}
\frac{dq}{dt} &= \frac{\partial H}{\partial p}(q, p, \lambda_0), \quad q(0, E_0, \lambda_0) = q_0, \\
\frac{dp}{dt} &= -\frac{\partial H}{\partial q}(q, p, \lambda_0), \quad p(0, E_0, \lambda_0) = p_0.
\end{aligned}
$$

Nous voulons donner une approximation de la dérive lente de E et λ. Notons par :

$$
\begin{aligned}
\Omega(x, y, \lambda) &:= \omega(x, y, \xi(x, y, \lambda), \lambda), \\
A(x, y, \lambda) &:= \alpha(x, y, \xi(x, y, \lambda), \lambda),
\end{aligned} \tag{5.23}
$$

et définissons les équations

$$
\bar{E}' = \frac{M(\bar{E}, \bar{\lambda})}{P(\bar{E}, \bar{\lambda})} := \frac{1}{P(\bar{E}, \bar{\lambda})} \int\limits_0^{P(\bar{E}, \bar{\lambda})} \Omega(q(\nu, \bar{E}, \bar{\lambda}), p(\nu, \bar{E}, \bar{\lambda}), \bar{\lambda})d\nu, \tag{5.24}
$$

et

$$
\bar{\lambda}' = \frac{N(\bar{E}, \bar{\lambda})}{P(\bar{E}, \bar{\lambda})} := \frac{1}{P(\bar{E}, \bar{\lambda})} \int\limits_0^{P(\bar{E}, \bar{\lambda})} A(q(\nu, \bar{E}, \bar{\lambda}), p(\nu, \bar{E}, \bar{\lambda}), \bar{\lambda})d\nu, \tag{5.25}
$$

où $(q(t, E, \lambda), p(t, E, \lambda))$ est la solution périodique de

$$
\frac{dq}{dt} = \frac{\partial H}{\partial p}(q, p, \lambda), \ \frac{dp}{dt} = -\frac{\partial H}{\partial q}(q, p, \lambda),
$$

d'énergie E et de période $P(E, \lambda)$.

---

[2]Contrairement au système (5.2), nous avons abandonné le paramètre ε dans les expressions des fonctions sans perte de généralité.

Théorème 5.5 *Soient f, g, H, h, α, ξ, p_0, q_0, z_0, λ_0 standard. Supposons que les conditions de Tikhonov soient remplies et que les équations (5.24) et (5.25) ont la propriété d'unicité de la solution. Soit $\varepsilon > 0$ un infinitésimal. Soit $\gamma(\tau) = (x(\tau), y(\tau), z(\tau), \lambda(\tau))$ une solution de (5.19) avec la condition initiale (5.20). Supposons que $E_0 = H(q_0, p_0, \lambda_0) \in \mathring{J}$ et $\lambda_0 \in \mathring{D}$. Soit $E(\tau) = H(x(\tau), y(\tau), \lambda(\tau))$ l'énergie totale de $\gamma(\tau)$. Soient $\bar{E}(\tau)$ et $\bar{\lambda}(\tau)$ les solutions de (5.24) et (5.25) avec les conditions initiales E_0 et λ_0 et soit L standard dans leurs intervalles positifs de définition. Alors, les fonctions $E(\tau)$ et $\lambda(\tau)$ satisfont $E(\tau) \simeq \bar{E}(\tau)$ et $\lambda(\tau) \simeq \bar{\lambda}(\tau)$ pour tout $\tau \in [0, L]$.*

La preuve sera donnée dans la section suivante.

5.5 Preuve des principaux résultats

La clé pour prouver les résultats principaux est ce qu'on appelle le *Lemme de Stroboscopie* (voir [52, 54]) que nous rappelons brièvement ici (voir annexe C pour plus de détails). Soit $\mathcal{O}$ un ensemble ouvert standard de $\mathbb{R}^n$, $F : \mathcal{O} \to \mathbb{R}^n$ une fonction continue standard. Soit $\mathcal{I}$ un intervalle de $\mathbb{R}$ contenant 0 et $\phi : \mathcal{I} \to \mathbb{R}^n$ une fonction telle que $\phi(0)$ est presque standard dans $\mathcal{O}$. Soit $\mathcal{J}$ une partie connexe de $\mathcal{I}$, éventuellement un ensemble externe, telle que $0 \in \mathcal{J}$.

Définition 5.1 (Propriété Stroboscopique) *Soient t et t' dans $\mathcal{J}$. On dit que la fonction ϕ satisfait la propriété Stroboscopique $\mathcal{S}(t, t')$ si $[t, t'] \subset \mathcal{J}$, $t' \simeq t$, $\phi(s) \simeq \phi(t)$ pour tout s dans $[t, t']$ et*

$$\frac{\phi(t) - \phi(t')}{t - t'} \simeq F(\phi(t)).$$

Sous des conditions convenables, le Lemme de Stroboscopie affirme que la fonction ϕ est approchée par la solution du problème de Cauchy

$$\frac{dx}{dt} = F(x), \ x(0) =^{\circ} (\phi(0)), \tag{5.26}$$

où $^{\circ}(\phi(0))$ désigne la partie standard de $\phi(0)$.

Théorème 5.6 (Lemme de Stroboscopie) *On suppose que*
(i) Il existe $\mu > 0$ de telle sorte que, chaque fois que $t \in \mathcal{J}$ est limitée et $\phi(t)$ est presque standard dans $\mathcal{O}$, il y a $t' \in \mathcal{J}$ tel que $t' - t \geq \mu$ et la fonction ϕ satisfait la propriété Stroboscopique $\mathcal{S}(t, t')$.
(ii) Le problème à valeur initiale (5.26) a une solution unique $x(t)$.
Alors, pour tout L standard dans l'intervalle positif maximal de définition de $x(t)$, on a $[0, L] \subset \mathcal{J}$ et $\phi(t) \simeq x(t)$ pour tout $t \in [0, L]$.

5.5.1 Preuve du théorème 5.4

On considère $\tau_1 \geq 0$ tel que $[0, \tau_1] \subset [0, L]$ et $E(\tau)$ est presque standard dans $\mathring{J}$ pour tout $\tau \in [0, \tau_1]$. Considérons l'ensemble externe suivant :

$$\mathcal{J} = \{\tau \geq 0 : E(s) \text{ est presque standard dans } \mathring{J} \text{ pour tout } s \in [0, \tau]\}$$

qui contient l'intervalle $[0, \tau_1]$. Montrons que $E(\tau)$ satisfait l'hypothèse (i) du Lemme de Stroboscopie (Théorème 5.6).

Soit $\mu = \varepsilon \min_{E \in J} P(E)$. Comme P ne s'annule pas et il est continu et J est un ensemble compact alors μ est strictement positif. Soit τ' limité dans $\mathcal{J}$, donc $E(\tau')$ est presque standard dans $\mathring{J}$. Faisons le changement de variables

$$r = \frac{\tau - \tau'}{\varepsilon}, \quad F(r) = \frac{E(\tau' + \varepsilon r) - E(\tau')}{\varepsilon}, \tag{5.27}$$

qui transforme le système formé par (5.15) et (5.16) avec la condition initiale

$$(x(\tau'), y(\tau'), z(\tau'), E(\tau'))$$

en

$$\begin{aligned}
\frac{dx}{dr} &= \frac{\partial H}{\partial y}(x, y) + \varepsilon f(x, y, z, \varepsilon), \\
\frac{dy}{dr} &= -\frac{\partial H}{\partial x}(x, y) + \varepsilon g(x, y, z, \varepsilon), \\
\varepsilon \frac{dz}{dr} &= h(x, y, z, \varepsilon), \quad \frac{dF}{dr} = \omega(x, y, z, \varepsilon),
\end{aligned} \tag{5.28}$$

avec la condition initiale $(x(\tau'), y(\tau'), z(\tau'), 0)$. En outre, d'après le théorème de Tikhonov, les composantes $x(r)$, $y(r)$ et $F(r)$ de (5.28) sont infiniment proches, pour tout r limité, de la solution du système standard

$$\begin{aligned}
\frac{dx}{dr} &= \frac{\partial H}{\partial y}(x, y), \\
\frac{dy}{dr} &= -\frac{\partial H}{\partial x}(x, y), \\
\frac{dF}{dr} &= \Omega(x, y),
\end{aligned}$$

avec la condition initiale $({}^{o}x(\tau'), {}^{o}y(\tau'), 0)$, où ${}^{o}x(\tau')$ et ${}^{o}y(\tau')$ sont les parties standard de $x(\tau')$ et $y(\tau')$. Par conséquent, pour tout r limité

$$\begin{aligned}
x(r) &\simeq q\left(r, E(\tau')\right) \simeq q\left(r, E'\right), \\
y(r) &\simeq p\left(r, E(\tau')\right) \simeq p\left(r, E'\right),
\end{aligned}$$

où E' est la partie standard de $E(\tau')$ et

$$F(r) \simeq \int_0^r \Omega(q(\nu, E'), p(\nu, E')) d\nu.$$

En particulier, par périodicité, on obtient

$$F(P(E')) \simeq \int_0^{P(E')} \Omega(q(\nu, E'), p(\nu, E')) d\nu. \tag{5.29}$$

Nous définissons maintenant l'instant successif d'observation par $\tau'' = \tau' + \varepsilon P(E')$. On a alors $\tau'' \in \mathcal{J}$. En effet, comme τ' est dans $\mathcal{J}$, $E(s)$ est presque standard dans $\mathring{J}$ pour tout

44

$s \in [0, \tau']$. D'autre part, soit $s \in [\tau', \tau'']$ il s'écrit, pour $r \in [0, P(E')]$, $s = \tau' + \varepsilon r$. Par (5.27) on a $E(s) = E(\tau') + \varepsilon F(r) \simeq E(\tau') \simeq E'$ pour tout r dans $[0, P(E')]$. Donc, $E(s)$ est presque standard dans $\mathring{J}$. Nous avons prouvé que, pour tout τ' limité dans $\mathcal{J}$ et $E(\tau')$ presque standard dans $\mathring{J}$, il existe τ'' tel que $0 \simeq \tau'' - \tau' \geq \mu$, $[\tau', \tau''] \subset \mathcal{J}$, $E(s) \simeq E(\tau')$ pour tout s dans $[\tau', \tau'']$. Par ailleurs, par (5.29),

$$\frac{E(\tau'') - E(\tau')}{\tau'' - \tau'} = \frac{F(P(E'))}{P(E')} \simeq \frac{M(E')}{P(E')} \simeq \frac{M(E(\tau'))}{P(E(\tau'))}.$$

Par le Lemme de Stroboscopie (théorème 5.6), on en déduit

$$[0, L] \subset \mathcal{J} \text{ et } E(\tau) \simeq \bar{E}(\tau) \text{ pour tout } \tau \in [0, L]. \tag{5.30}$$

5.5.2 Preuve du théorème 5.5

On considère $\tau_1 \geq 0$ tel que $[0, \tau_1] \subset [0, L]$ et $E(\tau)$ (resp. $\lambda(\tau)$) est presque standard dans $\mathring{J}$ (dans $\mathring{D}$) pour tout $\tau \in [0, \tau_1]$. Considérons l'ensemble externe

$$\mathcal{J} = \{ \tau \geq 0 : E(s) \text{ (resp. } \lambda(s) \text{) presque standard dans } \mathring{J} \text{ (dans } \mathring{D} \text{)}, \forall \, s \in [0, \tau] \}.$$

Soit $\mu = \varepsilon \min\{P(E, \lambda), \ E \in J, \ \lambda \in D\}$. Soit τ' limité dans $\mathcal{J}$. Le changement de variables

$$r = \frac{\tau - \tau'}{\varepsilon}, \ F(r) = \frac{E(\tau' + \varepsilon r) - E(\tau')}{\varepsilon}, \ \Lambda(r) = \frac{\lambda(\tau' + \varepsilon r) - \lambda(\tau')}{\varepsilon}, \tag{5.31}$$

transforme le système formé par (5.19) et (5.21) avec la condition initiale

$$(x(\tau'), y(\tau'), z(\tau'), \lambda(\tau'), E(\tau'))$$

en

$$
\begin{aligned}
\frac{dx}{dr} &= \frac{\partial H}{\partial y}(x, y, \lambda(\tau') + \varepsilon \Lambda(r)) + \varepsilon f(x, y, z, \lambda(\tau') + \varepsilon \Lambda(r)), \\
\frac{dy}{dr} &= -\frac{\partial H}{\partial x}(x, y, \lambda(\tau') + \varepsilon \Lambda(r)) + \varepsilon g(x, y, z, \lambda(\tau') + \varepsilon \Lambda(r)), \\
\varepsilon \frac{dz}{dr} &= h(x, y, z, \lambda(\tau') + \varepsilon \Lambda(r)), \\
\frac{d\Lambda}{dr} &= \alpha(x, y, z, \lambda(\tau') + \varepsilon \Lambda(r)), \\
\frac{dF}{dr} &= \omega(x, y, z, \lambda(\tau') + \varepsilon \Lambda(r)),
\end{aligned}
\tag{5.32}
$$

avec la condition initiale $(x(\tau'), y(\tau'), z(\tau'), 0, 0)$. Soit λ' la partie standard de $\lambda(\tau')$. D'après le théorème de Tikhonov on peut affirmer que pour tout r limité, les composantes $x(r)$, $y(r)$, $\lambda(r)$ et $F(r)$ de (5.32) sont infiniment proches de la solution du système standard

$$
\begin{aligned}
\frac{dx}{dr} &= \frac{\partial H}{\partial y}(x, y, \lambda'), \\
\frac{dy}{dr} &= -\frac{\partial H}{\partial x}(x, y, \lambda'), \\
\frac{d\Lambda}{dr} &= A(x, y, \lambda'), \\
\frac{dF}{dr} &= \Omega(x, y, \lambda'),
\end{aligned}
$$

45

avec la condition initiale $({}^{o}x(\tau'), {}^{o}y(\tau'), 0, 0)$, où ${}^{o}x(\tau')$ et ${}^{o}y(\tau')$ sont les parties standard de $x(\tau')$ et $y(\tau')$. Autrement dit, si E' est la partie standard de $E(\tau')$, alors pour tout r limité,

$$x(r) \simeq q\left(r, E', \lambda'\right),$$
$$y(r) \simeq p\left(r, E', \lambda'\right)),$$

$$F(r) \simeq \int_0^r \Omega(q(\nu, E', \lambda'), p(\nu, E', \lambda'), \lambda') d\nu,$$

$$\Lambda(r) \simeq \int_0^r A(q(\nu, E', \lambda'), p(\nu, E', \lambda'), \lambda') d\nu.$$

Par périodicité, nous avons également

$$F(P(E', \lambda')) \simeq \int_0^{P(E', \lambda')} \Omega(q(\nu, E', \lambda'), p(\nu, E', \lambda'), \lambda') d\nu,$$

$$\Lambda(P(E', \lambda')) \simeq \int_0^{P(E', \lambda')} A(q(\nu, E', \lambda'), p(\nu, E', \lambda'), \lambda') d\nu.$$

Soit $\tau'' = \tau' + \varepsilon P(E', \lambda') \in \mathcal{J}$ l'instant successif. Par (5.31),

$$\frac{E(\tau'') - E(\tau')}{\tau'' - \tau'} = \frac{F(P(E', \lambda'))}{P(E', \lambda')} \simeq \frac{M(E', \lambda')}{P(E', \lambda')} \simeq \frac{M(E(\tau'), \lambda(\tau'))}{P(E(\tau'), \lambda(\tau'))},$$
$$\frac{\lambda(\tau'') - \lambda(\tau')}{\tau'' - \tau'} = \frac{A(P(E', \lambda'))}{P(E', \lambda')} \simeq \frac{N(E', \lambda')}{P(E', \lambda')} \simeq \frac{N(E(\tau'), \lambda(\tau'))}{P(E(\tau'), \lambda(\tau'))}$$

Par le Lemme de Stroboscopie, $[0, L] \subset \mathcal{J}$, $E(\tau) \simeq \bar{E}(\tau)$ et $\lambda(\tau) \simeq \bar{\lambda}(\tau)$ pour tout τ dans $[0, L]$.

5.6 Applications

Les exemples suivants devraient être considérés plus comme des exemples didactiques pour illustrer les résultats que comme découlant de problèmes pratiques.

5.6.1 Exemple 1

Le système associé à l'équation différentielle d'ordre trois

$$\varepsilon \dddot{x} = h(x, \ddot{x}),$$

où $\varepsilon > 0$ est un petit paramètre réel et h une fonction suffisamment régulière, est donné par

$$\dot{x} = y, \quad \dot{y} = z_1, \quad \varepsilon \dot{z}_1 = h(x, z_1), \tag{5.33}$$

où le point désigne la dérivée par rapport à t. Nous supposons que $z_1 = u(x)$ est une racine isolée de $h(x, z_1) = 0$ et que les conditions du théorème de Tikhonov sont satisfaites, en particulier, $\dfrac{\partial h}{\partial z_1}(x, z_1) < 0$, ce qui rend la variété lente $z_1 = u(x)$ attractive. Pour obtenir la forme générale (5.1), on fait le changement de variable

$$\varepsilon z = z_1 - u(x),$$

qui transforme (5.33) en

$$\dot{x} = y, \quad \dot{y} = u(x) + \varepsilon z, \quad \varepsilon \dot{z} = \tilde{h}(x, y, z, \varepsilon), \tag{5.34}$$

où

$$\tilde{h}(x, y, z, \varepsilon) = \frac{\partial h}{\partial z_1}(x, u(x)).z - u'(x)y + o(\varepsilon).$$

L'équation lente

$$\dot{q} = p, \quad \dot{p} = u(q), \tag{5.35}$$

est un système Hamiltonien avec comme fonction de Hamilton

$$H(q, p) = -U(q) + \frac{p^2}{2},$$

où $U' = u$. La formule (5.14) devient

$$\omega(x, y, z, \varepsilon) = \varepsilon y z,$$

et l'équation moyennisée (5.17), où $\tau = \varepsilon t$, prend la forme

$$\frac{d\bar{E}}{d\tau} = \frac{M(\bar{E})}{P(\bar{E})} = \frac{1}{P(\bar{E})} \int_0^{P(\bar{E})} \Omega(q(v, \bar{E}), p(v, \bar{E})) dv, \tag{5.36}$$

où

$$\Omega(q, p) = u'(q) p^2 \left(\frac{\partial h}{\partial z_1}(q, u(q)) \right)^{-1}, \tag{5.37}$$

et $(q(v, \bar{E}), p(v, \bar{E}))$ est une solution $P(\bar{E})$- périodique de (5.35). On peut voir que

$$P(\bar{E}) = 2 \int_{q_1(\bar{E})}^{q_2(\bar{E})} \frac{dq}{\sqrt{2(\bar{E} + U(q))}}, \tag{5.38}$$

où $q_1(\bar{E})$ et $q_2(\bar{E})$ sont respectivement le minimum et le maximum d'une oscillation sur l'orbite fermé $C(\bar{E})$. D'après le théorème 5.1, la solution $(x(t, \varepsilon), y(t, \varepsilon), z(t, \varepsilon))$ de (5.34) avec la condition initiale (p_0, q_0, z_0) satisfait principalement :

$$\lim_{\varepsilon \to 0} (x(t, \varepsilon), y(t, \varepsilon)) = (q(t, E_0), p(t, E_0)) \text{ pour tout } t \in [0, kP(E_0)], \ k \in \mathbb{N},$$

$$\lim_{\varepsilon \to 0} z(t, \varepsilon) = u(q(t, E_0)) \text{ pour tout } t \in]0, kP(E_0)],$$

où

$$E_0 = \frac{p_0^2}{2} - U(q_0).$$

47

En outre, selon le Théorème 5.2, l'énergie totale $E(t, \varepsilon) = H(x(t, \varepsilon), y(t, \varepsilon))$ de ce système vérifie

$$\lim_{\varepsilon \to 0} E(t, \varepsilon) = \bar{E}(\varepsilon t) \text{ pour tout } t \in [0, L/\varepsilon],$$

où $\bar{E}(\tau)$ est la solution de (5.36) avec la condition initiale E_0 et définie sur $[0, L]$.

Pour illustrer le résultat du théorème (5.4), nous présentons une simulation numérique de l'exemple ci-dessus où nous avons choisi $h(x, \ddot{x}) = -\ddot{x} - x$, ce qui donne l'oscillateur harmonique singulièrement perturbé. Par conséquent, $u(x) = -x$ et le système (5.34) correspond à

$$\begin{aligned} \dot{x} &= y, \\ \dot{y} &= -x + \varepsilon z, \\ \varepsilon \dot{z} &= y - z. \end{aligned} \qquad (5.39)$$

La fonction de Hamilton de l'équation lente Hamiltoniène correspondante est donnée par

$$H(q, p) = \frac{1}{2}q^2 + \frac{1}{2}p^2,$$

et la période est égale exactement à

$$P(\bar{E}) = 2 \int_{-\sqrt{2\bar{E}}}^{\sqrt{2\bar{E}}} \frac{dq}{\sqrt{2(\bar{E} - \frac{1}{2}q^2)}} = 2\pi.$$

De plus, selon (5.37) et pour la première équation du (5.39),

$$M(\bar{E}) = \oint_{C(\bar{E})} p^2(\nu, \bar{E}) d\nu = \oint_{C(\bar{E})} \sqrt{2\bar{E} - q^2} dq$$

$$= 2\sqrt{2\bar{E}} \int_{-\sqrt{2\bar{E}}}^{\sqrt{2\bar{E}}} \sqrt{1 - \left(\frac{q}{\sqrt{2\bar{E}}} \right)^2} \, dq.$$

Par le changement de variable $X = q/\sqrt{2\bar{E}}$, on a

$$M(\bar{E}) = 4 \, \bar{E} \int_{-1}^{1} \left(\sqrt{1 - X^2} \right) dX = 2\pi \bar{E}.$$

Si on fixe les conditions initiales $(p_0, q_0, z_0) = (1, 2, 1)$, l'équation moyennisée (5.36) est simplement

$$\frac{d\bar{E}}{d\tau} = \bar{E}, \quad \bar{E}(0) = \frac{5}{2}. \qquad (5.40)$$

Sa solution exacte est :

$$\bar{E}(\tau) = \frac{5}{2} e^{\tau}.$$

La première figure (Fig.1.1) montre comment la trajectoire considérée arrive rapidement dans le voisinage de la variété lente $z = y$ du système (5.39) avant d'évoluer le long des orbites fermées de l'équation lente tracée sur cette variété lente. La deuxième figure (Fig.1.2) est une comparaison entre la variation exacte de l'énergie totale $E(\tau)$ et la solution $\bar{E}(\tau)$ de l'équation moyennisée (5.40). Notons que les courbes oscillatoires correspondent à $E(\tau)$.

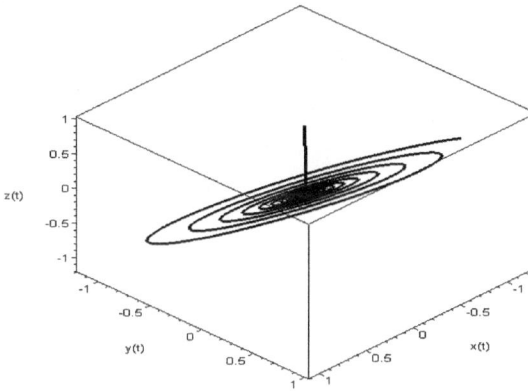

Fig.1.1. Simulation numérique de la trajectoire de (5.39) avec la condition initiale $(1, 2, 10)$,
$\varepsilon = .01$, $t = 0..100$

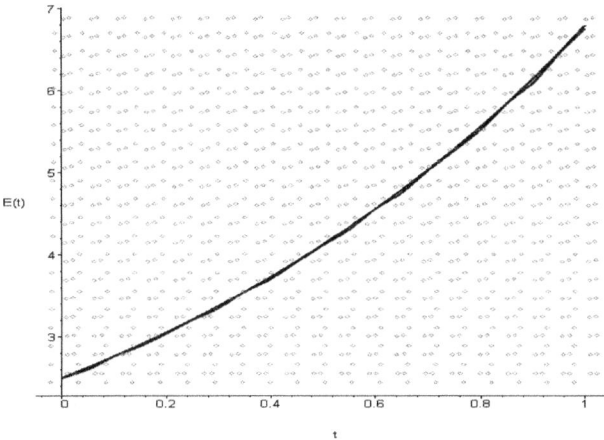

Fig.1.2. Comparaison entre $E(\tau)$ et $\bar{E}(\tau)$ pour le système (5.39) avec $\varepsilon = .01$

5.6.2 Exemple 2

On considère le système suivant

$$
\begin{aligned}
\dot{x} &= y, \\
\dot{y} &= -\lambda x + \varepsilon z, \\
\varepsilon \dot{z} &= -z + \lambda y, \\
\dot{\lambda} &= \varepsilon \lambda x y,
\end{aligned}
\tag{5.41}
$$

49

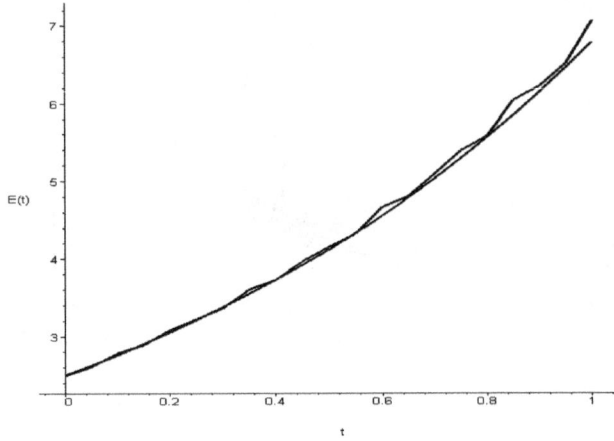

FIG. 5.1 – Comparaison entre $E(\tau)$ et $\bar{E}(\tau)$ pour le système (5.41) avec $\varepsilon = .01$

De la même façon que dans l'éxemple 1, on peut obtenir

$$P(\bar{E}, \bar{\lambda}) = 2 \int_{-\sqrt{2\bar{E}/\bar{\lambda}}}^{\sqrt{2\bar{E}/\bar{\lambda}}} \frac{dq}{\sqrt{2(\bar{E} - \frac{1}{2}\bar{\lambda}q^2)}} = \frac{2\pi}{\sqrt{\bar{\lambda}}}.$$

D'après (5.22)-(5.23)-(5.24) et la première équation du (5.41), nous obtenons

$$M(\bar{E}, \bar{\lambda}) = \oint_{C(\bar{E}, \bar{\lambda})} [\bar{\lambda}p^2(\nu, \bar{E}, \bar{\lambda}) + \frac{\bar{\lambda}}{2}q^3(\nu, \bar{E}, \bar{\lambda})p(\nu, \bar{E}, \bar{\lambda}]d\nu = \oint_{C(\bar{E}, \bar{\lambda})} \bar{\lambda}pdq + \oint_{C(\bar{E}, \bar{\lambda})} \frac{\bar{\lambda}}{2}q^3dq$$

$$= 2\sqrt{2\bar{E}} \int_{-\sqrt{2\bar{E}/\bar{\lambda}}}^{\sqrt{2\bar{E}/\bar{\lambda}}} \bar{\lambda}\sqrt{2\bar{E} - \bar{\lambda}q^2}dq + 0 = \frac{2\pi\bar{\lambda}\bar{E}}{\sqrt{\bar{\lambda}}}.$$

D'après (5.23)-(5.25) et la première équation du (5.41), nous obtenons aussi

$$N(\bar{E}, \bar{\lambda}) = \oint_{C(\bar{E}, \bar{\lambda})} \bar{\lambda}^2qpd\nu = 2 \int_{-\sqrt{2\bar{E}/\bar{\lambda}}}^{\sqrt{2\bar{E}/\bar{\lambda}}} qdq = 0.$$

Par conséquent, le système moyennisé qui décrit la dérive de E et λ est donné par le système simple suivant

$$\bar{E}' = \frac{M(\bar{E}, \bar{\lambda})}{P(\bar{E}, \bar{\lambda})} := \lambda\bar{E},$$
$$\bar{\lambda}' = \frac{N(\bar{E}, \bar{\lambda})}{P(\bar{E}, \bar{\lambda})} := 0. \tag{5.42}$$

Les figures (Fig.5.1) et (Fig.5.2) comparent les solutions exactes $E(\tau)$ et $\lambda(\tau)$ de (5.41) avec les conditions initiales $E_0 = 5/2$ et $\lambda_0 = 1$ à l'échelle du temps $\tau = \varepsilon t$, et les solutions

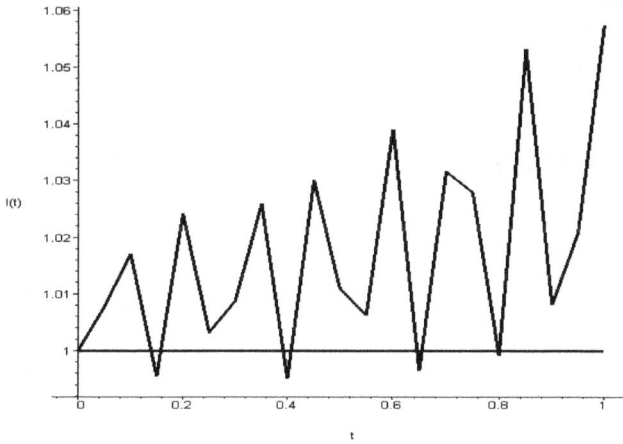

FIG. 5.2 – Comparaison entre $\lambda(\tau)$ et $\bar{\lambda}(\tau)$ pour le système (5.41) avec $\varepsilon = .01$

$\bar{E}(\tau) = \dfrac{5}{2}e^{\tau}$ et $\bar{\lambda}(\tau) = 1$ de (5.42). Il est important de signaler que, dans la (Fig.5.2) la différence entre la courbe oscillante du système (5.41) et la courbe de l'équation moyennisée $\bar{\lambda}' = \dfrac{N(\bar{E}, \bar{\lambda})}{P(\bar{E}, \bar{\lambda})} := 0$ ne dépasse pas 0.06 pour $0 \leq \tau \leq 1$, c'est-à-dire pour $0 \leq t \leq 100$.

Bibliographie

[1] N. D. Alikakos, P. C. Fife, G. Fusco, C. Sourdis, Singular Perturbation Problems Arising from the Anisotropy of Crystalline Grain Boundaries, Journal of Dynamics and Differential Equations, Vol. 19, No. 4, December (2007).

[2] V. I. Arnold (Ed.), Dynamical Systems V, Encyclopedia of Mathematical Sciences, Vol. 5, Springer-Verlag Berlin, (1998).

[3] V.I. Arnold, V. Kozlov, A.I. Neishtadt, Mathematical Aspects of Classical and Celestial Mechanics, Springer-Verlag Berlin, (2006).

[4] R. Bebbouchi, Equations differentielles perturbées et Analyse Non Standard, OPU, Alger, (1990).

[5] M. Benbachir, Problèmes aux limites et oscillations périodiques, Thèse de Magister, Université des Sciences et de la Technologie Houari Boumediène Alger (1996).

[6] M. Benbachir, K. Yadi , R. Bebbouchi, Slow and fast systems with Hamiltonian reduced problems,Electron. J. Diff. Eqns, Vol. 2010(2010), No. 06, pp. 1–19.

[7] E. Benoît, J.F. Callot, F. Diener, M. Diener, Chasse au canard ; Collectanea Mathematica, 31-32 (1-3), 37-119 (1981)

[8] N.N. Bogoliubov, Yu.A.Mitropolskii. Asymptotic methods in the theory of nonlinear oscillations. Gordon and Breach, New York, (1961).

[9] A. Clairaut, Mémoire sur l'orbite apparent du soleil autour de la Terre ayant égard aux perturbations produites par les actions de la Lune et des Planètes principales. Mém. de l'Acad. des Sci. (Paris), (1754), 521–564.

[10] J. L. Callot, T. Sari, Stroboscopie et moyennisation dans les systèmes d'équations différentielles à solutions rapidement oscillantes, Mathematical Tools and Models for Control, Systems Analysis and Signal Processing, 3, CNRS Paris (1983), 345-353.

[11] J. Cousteix, J. Mauss, Analyse Asymptotique et Couche Limite, Mathématiques & Applications 56, Springer-Verlag Berlin, (2006)

[12] F. Diener, Cours d'Analyse Non Standard, Office des Publications Universitaires, Alger (1983).

[13] F. Diener, M. Diener (eds.), Nonstandard Analysis in Practice, Universitext, Springer-Verlag, Berlin, (1995).

[14] M. Diener, C. Lobry (eds.), Actes de l'Ecole d'Eté : Analyse Non Standard et Représentation du Réel [Proceeding of the Summer School on Nonstandard Analysis and Representation of the Real], Office des Publications Universitaires, Alger (1985).

[15] F. Diener, G. Reeb, Analyse Non Standard, Hermann, (1989).

[16] M. Djemai , J. P. Barbot, H. K. Khalil, Digital multirate control for a class of non-linear singularly perturbed systems, INT. J. CONTROL, 1999, VOL. 72, NO. 10, 851- 865

[17] P. Fatou. Sur le mouvement d'un système soumis à des forces à courte période. Bull. Soc. Math., 56 :98–139, (1928).

[18] N. Fenichel, Geometric singular perturbation theory for differential equations, J. Diff. Eq., 31 (1979), 53-98.

[19] J-P. Françoise, Oscillations en biologie, Springer-Verlag Berlin, (2005).

[20] K. O. Friedricks, W. Wasow, Singular perturbations of nonlinear oscillations, Duke Math, J. 13 (1946), 361-381.

[21] C. Gignoux and B. S-Brac, Solved problems in Lagrangian and Hamiltonian mechanics, Springer-Verlag London New York, (2009).

[22] F. Hoppensteadt, Stability in systems with parameters, J.Math. Anal. Appls., 18 (1967), 129-134.

[23] R. S. Johnson, Singular perturbation theory : mathematical and analytical techniques with applications to engeering, Springer-Science New York (2005).

[24] H. K. Khalil, Nonlinear Systems, Prentice Hall, (1996).

[25] T. J. Kaper, An Introduction to Geometric Methods and Dynamical System Theory for Singular Perturbation Problems, Proceedings Symposia , Applied Mathematics 56 : Analyzing Multiscale Phenomena Using Singular Perturbation .Methods, Cronin, J. and O'Malley, Jr., R.E., eds..(1999), pp. 85–131, American Mathematical Society, Providence, RI.

[26] J.-L. Lagrange, Mécanique Analytique (2 vols.). edition Albert Blanchard,Paris, (1788).

[27] M. Lakrib, Stroboscopie et moyennisation dans les équations différentielles fonctionnelles à retard, Thèse, Université de Mulhouse (2004).

[28] M. Lakrib, Time averaging for functional differential equations, J. Appl. Math. 2003, 1 (2003), 1-16.

[29] M. Lakrib, T. Sari, Time averaging for ordinary differential equations and retarded functional differential equations, Electron. J. Diff. Eqns, 40, 2010 (2010), 1-24.

[30] C. Lobry, A propos du sens des textes mathématiques, un exemple : la théorie des "bifurcations dynamiques", Annales de l'institut Fourier, 42 (1-2) (1992), 327-351.

[31] C. Lobry, T Sari, The Peaking Phenomenon and Singular Perturbations : An Extention of Tikhonov's Theorem, Rapport de recherche n° 4051 de l'Institut National de Recherche en Informatique et Automatique (2000).

[32] C. Lobry, T. Sari, S. Touhami, On Tikhonov's theorem for convergence of solutions of slow and fast systems, Electron. J. Diff. Eqns, 19, 1998 (1998), 1-22.

[33] R. Lutz, L'intrusion de l'analyse non standard dans l'étude des perturbations singulières, Astérisque 109-110 (1983), 101-140.

[34] R. Lutz, M. Goze, Nonstandard Analysis : A Practical Guide with Applications, Lecture Notes in Mathematics 881, Springer-Verlag, Berlin (1981).

[35] R. Lutz, T. Sari, Applications of Nonstandard Analysis in boundary value problems in singular perturbation theory, Theory and Applications of Singularly Perturbations (Oberwolfach 1981), Lectures Notes in Mathematics 942, Springer-Verlag, Berlin (1982), 113-135.

[36] S. Lynch, Dynamical Systems with Applications using Mathematica, Birkhäuser Boston (2007).

[37] L.I. Mandelstam, N.D. Papalexi. Über die Begründung einer Methode für die Näherungslösung von Differentialgleichungen. J. f. exp. und theor. Physik, 4 :117, 1934.

[38] E. Nelson, Internal Set Theory : a new approach to nonstandard analysis, Bull. Amer. Math. Soc., 83 (1977), 1165-1198.

[39] JR. O'Malley, Singular Perturbation Methods for Ordinary Differential Equations, Applied Mathematical Sciences 89, *Springer-Verlag, (1990)*.

[40] H. Poincaré, Les Méthodes Nouvelles de la Mécanique Céleste, volume I. Gauthiers-Villars, Paris, (1892).

[41] H. Poincaré, Les Méthodes Nouvelles de la Mécanique Céleste, volume II. Gauthiers-Villars, Paris, (1893).

[42] L. Prandlt, Uber Flüssigheitsbewegung bei sehr kleine Reibung, Proceesings 3rd International Congress of Mathematicians, Heidelberg, 1904, (Krazer, A., ed), pp. 484-491, Leipzig.

[43] J.P. Richard, Mathématiques pour les systèmes dynamiques, Paris, Hermès Publications, (2002).

[44] G. Reeb, Equations différentielles et analyse non classique (d'après J.L. Callot), in proceedings of the 4th International Colloquium on Differential Geometry (1978), Publicaciones de la Universidad de Santiago de Compostella (1979), 240-245.

[45] M. Remili, Trajectoires de champs de vecteurs lents-rapides de R^3 dont les ombres sont des morceaux de surface, Thèse de Magister, Université d'Oran (1988).

[46] A. Robinson, Nonstandard Analysis, American Elsevier, New York (1974).

[47] S. Sanchez, G. Pedreno. Equations différentielles hautement non linéaires ou perturbations singulières exponentielles, J. Diff. Eq. 109 (1994), 77-109.

[48] J. Sanders, F. Verhulst, J. Murdock, Averaging Methods in Nonlinear Dynamical Systems, Applied mathematical sciences 59, Springer-Verlag New York, (2007).

[49] T. Sari, Moyennisation dans les systèmes différentiels à solutions rapidemet oscillantes, Thèse, Université de Mulhouse (1983).

[50] T. Sari, Nonstandard perturbation theory of differential equations, presented as an invited talk at the International Research Symposium on Nonstandard Analysis and Its Applications, ICMS, Edinburgh, 11-17 August 1996, (http ://www.math.uha.fr/sari/papers/icms1996.pdf).

[51] T. Sari, Stroboscopy and averaging, In Colloque Trajectorien à la mémoire de Georges Reeb et Jean-louis Callot, ed. by A. Fruchard and A. Troesh (IRMA Publication, 1995), 95-124.

[52] T. Sari, Petite histoire de la stroboscopie, In Colloque Trajectorien à la mémoire de Georges Reeb et Jean-louis Callot, ed. by A. Fruchard and A. Troesh (IRMA Publication, 1995), 5-15.

[53] T. Sari, Averaging in Hamiltonian systems with slowly varying parameters, in Developments in Mathematical and Experimental Physics, Vol. C, Hydrodynamics and Dynamical Systems, A. Macias, F. Uribe and E. Diaz (eds.). Kluwer Academic/Plenum Publishers (2003), 143-157.

[54] T. Sari, Averaging in Ordinary Differential Equations and Functional Differential Equations, in The Strength of Nonstandard Analysis, I. van den Berg, V. Neves (editors), Springer-Verlag, Wien (2007), 286-305.

[55] T. Sari, K. Yadi, On Pontryagin–Rodygin's theorem for convergence of solutions of slow and fast systems, Electron. J. Diff. Eqns, 19 (2004), 1-17.

[56] A. N. Tikhonov, Systems of differential equations containing small parameters multiplying the derivatives, Mat. Sborn., 31 (1952), 575-586.

[57] I. P. Van den Berg, Nonstandard Asymptotic Analysis, Lecture Notes in Mathematics 1249, Springer-Verlag, Berlin (1987).

[58] B. Van der Pol. On Relaxation-Oscillations. The London, Edinburgh and Dublin Philosophical Magazine and Journal of Science, 2 :978–992,1926.

[59] A. B. Vasileva, V. M. Volosov, The work of Tikhonov and his pupils on ordinary differential equations containing a small parameter, Russian Math. Surveys, 22 (1967), 124-142.

[60] F. Verhust, Methods and Applications of Singular Perturbations, Texts in Applied Mathematics 50, Springer-Verlag New York, (2000).

[61] G. Wallet, Entrée-sortie dans un tourbillon, Annales de l'institut Fourier, 36 (4) (1986), 157-184.

[62] W. Wasow, Asymptotic Expansions for Ordinary Differential Equations, Robert E. Kriger Publishing Company, New York (1976).

[63] K. Yadi, Perturbations singulières : approche topologique, stabilité et applications à un modèle d'écologie des populations, Thèse, Université de Tlemcen (2005).

[64] K. Yadi, Perturbations Singulières : Approximations, stabilité pratique et applications à des modèles de Compétition, Thèse, Université de Mulhouse (2008).

[65] A. K. Zvonkin, M. A. Shubin, Nonstandard analysis and singular perurbations of ordinary differential equations, Uspehi Mat. Nauk. 39 (1984), 77-127.

www.ingramcontent.com/pod-product-compliance
Lightning Source LLC
Chambersburg PA
CBHW020317220326
41598CB00017BA/1587